一学就心理学

于富荣　邓华华　编著

中国法制出版社
CHINA LEGAL PUBLISHING HOUSE

前言

Preface

人活着就有许多事情要做，就要面对一系列的问题。在家教育孩子、与家人相处，出门和别人交际，工作场合与同事共事……

有些人活得春风得意，有些人却处处碰壁；有些人做什么都可以事半功倍，有些人却碌碌无为；有些人每天都笑容满面，有些人却整日愁苦不堪。

这是为什么呢？其实秘密就在我们的内心，一切都是心态问题。心态好了，问题自然迎刃而解。通俗地说，心态问题就居于心理学研究的范畴。所谓“人心难测”“知人知面不知心”，人是一种复杂的生物，总会做出一些看起来不可思议的事情，但是从心理学角度来分析，这些看似难以理解的事情都可以用心理学来解释。

现实生活告诉我们：人与人之间的交往，实质上就是心理的博弈。为什么你会因为一些生活小事而使自己内心不那么顺畅，有时甚至影响到你的日常生活和工作呢？其实症结就在于你不懂得心理学。

人们可能说不清楚心理学到底为何物，但他一定在不知不觉中使用过它或被它影响过，所以每个人都应当懂得一些心理学的策略性思维，这样就能解释身边的现象，透过表面看到事件的本质，从而选择好自己的情绪和做法。

本书的目的就是用浅显易懂的语言让你掌握一系列可以在职场、生活、家庭教育，甚至投资理财中派上用场的心理学知识和策略。从细微的心理学常识开始，破解行为背后的心理奥秘，开启深入心灵的智慧之门，用人性的力量化解日常的困惑，用心灵的沟通代替人际的争执。让你了解心理学的所有奥妙，轻松化解冲突、看清别人、认识自己、了解情感、发挥个人魅力，从而有力、有效地解决生活工作中的难题，逐渐掌控人际交往的主动权，避免挫折与失败，逐步实现自己的人生计划，获得事业的成功，赢得美满的生活。

目录

Contents

职场篇 ┃ 心理学让你在职场如鱼得水

教子篇 ┃ 心理学让教育不再纠结

管理篇 ▎心理学让管理更得心应手

技巧篇 ▎助你占据主动

投资篇 ▎心理学可以使你的投资如鱼得水

经典案例篇

社交篇

心理学让你成为社交达人

首因效应——如何赢在第一印象

在心理学中，有一个著名的“首因效应”，也被称作“第一印象效应”。心理学研究发现，与一个人初次会面时，在45秒钟内就能产生第一印象。而这一最初的印象会对他人的社会知觉产生较强的影响，并且在对方的头脑中形成并占据着主导地位，会在人与人的第一次交往中留下至为深刻的印象。

第一印象是人与人之间长期交往的基础，它来自人们初次接触时各自对交往对象的直觉观察和判断。在人际交往中，首因效应对人们交往印象的形成起着决定性作用。

第一印象等同于自己的名片，也是一封最权威、最直接的介绍信。那些善于交际的人无不重视自己留给别人的第一印象，并力争赢在第一印象。

布莱恩·崔西是位优秀的销售员。他非常注重对个人形象的管理，因为他坚信：和人相处的时候，人们常常从第一眼或者接触后的第一句话，就能确定是否要和对方进一步接触。每天早上，他都会将自己打理得干净大方，穿上合身、整洁、利落的服饰，将脸上的表情、身体的姿态调整到最佳状态，以自信、睿智、可靠的形象面对每一个人，尽力做到引人注目而不张扬。

有一次，他去拜访一位客户，见面以后，他简单地介绍了产品之后，客户没有过多询问就答应成交，对方直言：“你给我的第一印象不错。我认为你值得相信，你的一举一动都给人一种儒雅自信的感觉。”后来，这位客户不仅成为他的忠实客户，还给他带来了更多的客户。

在当今人际交往与社会往来中，一个人的外在形象、精神面貌、身体姿态和行为方式都会在别人心中留下相应的印象，而且人们的印象往往是先入为主的，这种第一印象对今后的往来及关系将会产生极大的影响。正如良好的个人形象为布莱恩·崔西的成功起到了锦上添花的作用，帮他在第一时间就赢得了他人的好感。

然而现实中很多人却意识不到第一印象的重要性，他们往往体会不到或者不在意个人形象的重要意义，更不会想方设法去包装自己，进而也就无法给人留下良好的第一印象。

乔敏生性爽朗，聪明健谈，出国留学后很快适应了国外的生活，并加入了当地的一个华人社团。但让她奇怪的是，从第一次参加社团活动开始，她常常感觉被人排斥。双方之前并无接触，更别提有什么过节，为什么会这样呢？

倍感困惑的乔敏找到一同被邀请加入社团的朋友了解情况，这才知道了缘由。原来，乔敏第一次参加社团活动的时候给人留下了很糟糕的印象：她化着浓妆，穿着一件颜色和款式都很夸张的裙子，说话声音大得惊人，还在别人谈论艺术的时候露出不耐烦的表情，这让其他人觉得很不舒服，并生出了排斥感。

知道真相的乔敏顿感失落。事实上，她那天刚参加完学校举办的节目演出，因为时间紧急，再加上觉得不会有太大的影响，就没有及时换装，结果却造成了现在的局面。

乔敏之所以会有这样的遭遇，可以说是因为在第一印象上吃了亏。事实上，在人际交往中，个人形象及第一印象的作用是无法用金钱来衡量的，如果你形象不佳，别人很可能会对你产生厌恶感，直接将你拒之门外。

那么，在日常生活中，我们该怎样去注意自己的形象，给人留下良好的第一印象呢？

1. 注意仪表

衣着要整洁，服饰搭配要和谐得体。

2. 注意自己的言谈举止

言谈得体，举止得当，做到“站如松，坐如钟，行如风。”

3. 展现自己的风度

如果说衣着是一个人审美能力的反映，那么风度则是一个人性格和气质的反映。人的风度具有多样性，这是由人的性格、气质的多样性所决定的。但是无论何种风度都应当体现出人的美的本质，而只有具备了美的心灵、美的性格、美的气质，才能有美的风度。

4. 提高自己的修养

初次见面的良好表现能够给人留下完美的第一印象，而今后关系的维持及良好印象的维系还要依靠个人的内在修养。因此，只有平时不断提高个人修养，才能在人际交往中底气更足，这样才不至于给人留下东施效颦、华而不实的负面印象。

互悦效应——赞美是拨动别人心弦的利器

“互悦效应”即人们通常所说的“两情相悦”，在人际交往中，是一种很自然的心理规律。美国著名心理学专家威廉·詹姆士说：“人类本性上最深的企图之一是期望被赞美、钦佩、尊重。”期望被别人赞美是人们内心深处的一种基本愿望，无论男女老少、尊卑贵贱都喜欢别人对自己进行赞美。赞美能给他人带来难以估量的成就感和自信心，可谓是一种感化他人的有效方法。

清朝末年著名学者俞樾在他的《一笑》中，讲述了这样一个故事：

有位京城的官吏要调到外地上任。临行前，他去和恩师道别。

恩师劝诫他说：“外地不比京城，在地方做官很不容易，你要谨慎行事。”

官吏说：“没关系。现在的人都喜欢听好话，我特地准备了一百顶高帽子，见人就送他一顶，应该不至于有什么麻烦。”

恩师一听他这样说，有点生气，并以教训的口吻对他的学生说：“我反复告诉过你，做人要正直，对别人也该如此，你怎么能这样想呢？”

官吏说：“恩师息怒，我这也是没有办法的办法。要知道，天底下像您这样不喜欢戴高帽的能有几位呢？”

官吏的话刚说完，恩师就得意地点了点头：“你说得倒也是。”

从恩师家出来，这个官吏就自言自语说："我准备的一百顶高帽，现在仅剩九十九顶了！"

故事是耐人寻味的，它折射出的道理也是深刻的：任何人都喜欢听赞美自己的话，就连那位官员自认清高的恩师也未能免俗。

在人际交往中，无论双方是否相识，赞美都是拉近彼此距离的一个良策。

当然，赞美不是献媚，赞美的目的是帮助别人发现其自身的价值，获得一种成就感，进而对赞美自己的人产生好感。赞美是一种发自内心的欣赏，它与献媚的动机完全不同。献媚是为一己私利来骗取他人的信任，而赞美则是发自内心的真实情感的表达。赞美可以消除彼此之间的隔阂，加深彼此之间的关系。因此，要注意不要将二者混淆，在对别人进行赞美时，应注意把握好以下几点要求：

1. 赞美要得体、具体

对别人进行赞美时，一定要做到具体、得体，其中的尺度掌握很有讲究，需要用心去体会把握。赞美使用不当，或者太夸张，都会给人留下很不好的印象，令人厌恶。

赞美的话题可小可大，小的可以是"您的气色很好""您的院子真整洁"等，大的话题可以是"您的信誉很好""听说，您在 ×× 方面很有经验"，也可以说"一直仰慕您的学识、人品"等。

赞美的内容和方式越具体越好，这也能够表明你对别人的了解程度。因此，在赞美别人时，要有意识地说出一些具体而明确的事情，而不是空泛、含糊地赞美。例如：

- 赞美某人的衣着

"您今天看起来很有风度。""您的衣服很好看并且很时尚。"

- 赞美某人的房间

"这真是间漂亮的房子。""这个房间装修得很雅致呀。""啊，您的房间布置得真好！光线柔和、色调明快，让人赏心悦目，而且对地毯的运用真是锦上添花啊！”

- 赞美某人的手表

“这只手表很漂亮。”“这只手表的造型真是独特呀。”

- 赞美某人的小孩

“他们真聪明！”“他们真是太棒了！我希望我也能有这样好的孩子。”

- 赞美某人的车

“从这部车就可以看出现代科技进步真是神速啊！您一定花了不少心思来挑选这部车吧！”“能拥有如此充满个性的车，您真是与众不同！”

2. 赞美要因人而异

不同文化层次和不同职业的人对赞美的反应差别很大，应注意加以区别对待。如面对一个作家，假如你说很喜欢他的某一篇文章，他可能仅会微微一笑，甚至表面看来还漫不经心，因为可能已经有很多人如此去赞美他了。但如果你从另一个角度去赞美他的厨艺，赞美他的音乐才华，他可能会极其兴奋。

3. 赞美要灵活

赞美别人时要注意灵活，要根据谈话的进展来决定。一般说来，开始使用赞美有助于打开僵局，最后使用赞美会给对方留下好印象，便于下次接触。谈话中间的赞美多用于扭转话题或改变气氛。需要注意的是，使用赞美的频率不要太高，这就像一幅图画中的亮色要恰到好处，太多了，则会破坏掉整个画面。

4. 赞美要真诚

真诚的赞美是实事求是的，发自内心的，是为别人所喜欢的。赞美时要选择对方最心爱、最引以为豪的东西加以称赞，才能发挥出赞美的威力。比如，对那些成功人士，就可以称赞他们早年的奋斗史，因为这是他们最愿意回忆也是最自豪的事情。

5. 间接地进行赞美

在不太适合直接赞美别人的时候，就可以选择他身边较亲近的事物进行赞美。比如，对方如果是一位年轻女士，为了避免误会，就不便直接赞美她。这时，不妨去赞美她的丈夫和孩子，你甚至会发现，这比赞美她本人还要令她高兴。间接地赞美，也能获得和直接赞美一样的效果。

6. 借用第三者的口吻来赞美

有时候，借用第三者的口吻来赞美会更有说服力。比如说："怪不得小张说您越来越漂亮了，刚开始还不相信，这回一见可真让我信服了。"这样说就比说"您真是越长越漂亮了"效果要好得多，还可避免恭维、奉承之嫌。

总而言之，在与陌生人交往中，懂得适时地赞美别人，能够有效地维护对方的自尊心，在令对方感到满足、开心的同时，也将会为自己开启一扇扇人脉之门。

同理效应——学会换位思考

在2010年的日本电影学院奖评选中，获奖的日本演员森繁久弥，是一位已故的电影表演家。他在小津安二郎导演的电影《小早川家之秋》中为人们塑造的经典银屏形象，是每个日本电影迷都熟知的。一次，森繁久弥和同伴们在演出话剧。他们发现观众席上有一位少女，她没像别人那样睁大眼睛欣赏台上的一切，而是闭着眼睛睡起来了。这位沉睡少女太影响台上辛苦表演的演员，他们在后台频频斥责这个不像话的女孩，咬牙切齿地说要教训她一顿。

于是，他们商量好了一些对策。有的人故意走近大声念台词，有的人故意大力跺脚。可巧的是，这位少女睡得太沉了，怎么样她都无动于衷，根本不管台上发生了什么。森繁久弥和同伴没办法了，只好忽略她继续演下去。但谢幕的时候，这位少女居然站起来了，边笑边大声鼓掌。他们这才发现：原来一直被演员们记恨的这个少女，是个盲人。

可以想见，森繁久弥等人见到此情此景，会有多么感动，又会有多么羞愧。

在很多事情上，我们往往显得思维狭隘，非此即彼，一切事物都用二分法来看待。这就会导致我们被错误的表象所蒙蔽，进而做出错误的论断。其实，世界并非一个角斗场，而是一个合作的舞台。世界那么大，难道还容不下你我之间的相处吗？他人的获得，并不一定就是你的损失。把思维换个模式，职场也会变得不一样。

毋庸置疑，我们工作都是为了赚钱。那么，你赢取了钱，就等于老板输掉了钱吗？当然不是，如果真是这样的话，恐怕天下没人敢当老板了。实情是你的价值能够为公司赚取很多的钱（而且当然比你的工资还要高），作为回报，老板会分一部分给你。不知你发现没有，在整个过程中，你和老板都不是单纯吃亏或获利的一方，你们是站在一条船上双赢。因此，我们在职场中做任何事，如果能从双赢思维出发，一定能事半功倍。

细细想来，在职场上与人交往的输赢模式不过六种：（一）利人利己；（二）两败俱伤；（三）损人利己；（四）损己利人；（五）独善其身；（六）好聚好散。看起来，这些模式中只有利人利己的模式能做到双赢，大家有福同享，皆大欢喜；其他几种方式都会让自己陷入恶性循环之中。看上去较为妥当的第四种模式，其实也只是看上去高尚而已。有些人在人际交往中让对方赢，而让自己输，以达到感化对方的效果。但结果呢？他们总会因为长期压抑而想要改变，等到他们忍无可忍时，又会本能地变成第三种模式。看来，这并非一种最佳模式。很多职场专家指出，与人交往的最好方式是双赢，如果无法做到双赢，那就好聚好散。

双赢思维可以帮你想通自己的工资问题，如果你是个领导，你也大可利用这种思维思考问题。史蒂芬·柯维曾举过这样一个案例：

柯维被邀请到一家公司去帮老总解决员工合作意识差的问题。老总告诉他："他们太自私，就是问题的关键。如果他们愿意合作的话，效率会大大提高。"柯维问道："你认为是人的问题呢，还是公司模式的问题？”老总让他自己观察。在观察中，柯维确实发现员工不愿合作，对命令极度抵制，而且沟通也非常保守，字斟句酌，生怕多透露半点儿信息。于是，他又问老总：“员工们看起来很不愿意合作，难道不合作有奖励吗？”老总觉得这个问题很奇怪，断然地回答：“当然不会了！相反，如果他们合作的话，便会有奖励。”说着，老总就指向墙上的一张业绩图，每个部门经理的业绩都清晰地呈现在上面。他解释说，谁的年度绩效最好，谁就能去风光旖旎的百慕大群岛旅行。

通过这位老总的做法可以看出，他嘴上说在奖励合作，其实却导致了各部门争得面红耳赤。老板的这个盲区，就好像森繁久弥没有发现少女是盲人一样，他们都按照自己的思维努力前行，最终抵达了错误的彼岸。从上面的沟通模式来看，一个公司的各个部门本应团结协作，却在这种公司管理模式下变得充满火药味。

众所周知，有的领导很爱开会，但冗长的会议常常让员工反感至极。如果领导能意识到自己正在采取一种“两败俱伤”的模式，便会立即停止自己烦人的讲话。因为这种模式完全无法达到双赢，领导应该做的无疑是好聚好散，让大家去做别的事情；而自己应该整理一下思路，考虑一种更完善的方案来对员工进行教育。

这里有一个开会的小技巧。如果你想让听众觉得自己讲得还算有条理的话，可以多利用三这个数字。“今天我要和大家探讨的问题有三个”“我们打算从三个方面来剖析一下当前存在的问题”……这样的话语会让人觉得你在讲话前进行过缜密的思考。这是由于人们对“三”这个数字有所偏爱，尽管你的谈话中讲的可能是四个、五个甚至更多个问题，人们也会被蒙蔽，认为只有三个。利用这种偏好，你还可以制造出听上去似乎有道理的三段式。比如，因为天气太冷了，你又怕冷，所以你要让我拥抱才行。这句话似乎很有条理，但仔细一分析毫无道理。

换个角度想想，无论你是领导还是职员，为人处世都需要一点技巧，否则你会进入自设的死胡同。

倾听效应——听比说更重要

常言道：只有很好地倾听别人，才能更好地表达自己。如果说沟通是一门艺术，那么倾听就是这门艺术的核心。倾听是了解别人的重要途径，也是建立良好沟通渠道的基础。所谓倾听效应，是指在与人交往时用心地听别人讲话会获得对方的好感，赢取对方的理解和信任，从而使说话者感受到自身的价值，满足说话者渴望被重视的自尊心理，让彼此的沟通更加有效，也让双方体验到相处的愉悦感。

人人都渴望得到他人的尊重，没有谁会拒绝耐心而专注地倾听自己的人。当你想赢得对方的好感，或者说服某人时，那么不要试图多“说”，而应该学会“倾听”。一个人如果总是张嘴说，那么学习到的东西就会很有限。相反，如果善于倾听，乐于分享别人的信息和情感，别人也会乐于给出有益的建议。

在美国，有一位年轻的推销员，他来到一家超市推销肥皂，在进行了一大段冗长的介绍后，这名推销员从超市老板的眼中看到了他对自己产品的厌恶感，而且也对自己所属的公司产生了反感。果不其然，超市老板指着他大骂道：“你和你的公司统统给我离开！我不会买你们的产品！”这时，这位推销员一边收拾自己的工具，一边心平气和并谦虚地对超市老板说：“对不起！我知道现在把这些产品推销给您已经不可能了。但是，作为一个新手，我很想请您给我一些意见，您告诉我该怎么做才比较合适，才能把这些产品销售出去。”

超市老板看到他态度很诚恳，就开始滔滔不绝地对他“指点”起来：“你应该……而不是……，这样……”老板自己把肥皂的优点总结了很多，然后他说服了自己，最终接受了这个推销员的肥皂，允许他在自己的超市里摆放和售卖肥皂。

这位推销员就是后来大名鼎鼎的口香糖大王——威廉·迪格勒。

如果迪格勒不改变销售策略，依旧不依不饶地说，那么超市老板可能就要把他逐出门外了。但是聪明的迪格勒并没有这么做，而是巧妙地让对方说，自己来认真倾听。正是他的谦虚和诚恳才让事情有了转机，而且还获得了超市老板的宝贵意见。

英国管理学家 L. 维尔德说：“人际沟通始于聆听，终于回答。”没有积极的倾听，就没有有效的沟通。戴尔·卡耐基认为：在沟通的各项能力中，最重要的莫过于倾听的能力。雄辩能力、洞察力以及写作才能都不如倾听能力重要。

在人际交往中，倾听不仅是耳朵听到相应声音的过程，而且是一种情感活动，需要通过面部表情、肢体语言和话语的回应，向对方传递一种信息——“你说的事情很有价值”“和你在一起很快乐”“你是我值得结交的朋友”“我愿意听你分享你的故事，并且愿意站在你的立场思考问题”等。这样做可以让对方的自尊心得到极大的满足，逐渐地，对方就会卸下防备，对你敞开心扉，两个人的距离会越来越近，这也会为你们的交情打下良好的基础。在任何一段关系中，让对方感受到自己被尊重比什么都重要。

有一家外企去大学招聘员工，通过笔试的有20位，他们个个才华横溢，经过几轮复试，终于确定了三位候选人。在这家企业负责人给这三位候选人面试时，其中两位一直在负责人面前夸夸其谈，炫耀自己的才华和能力，并提出许多意见和想法，非常迫切地表现自己。而另一位学生恰恰相反，在面试时，他一直耐心倾听负责人的见解和要求，很少插话，只有当负责人询问他时，他才礼貌作答，而且很简练。在面试结束时，他才委婉表达自己的观点："我很重视您提的要求，也非常赞同您的意见。如果被录用的话，还望您今后多多指导。"最后，这位善于倾听的大学生被录用了，而那两位夸夸其谈者被淘汰了。

倾听是一种礼貌，是尊重说话者的表现，也是对说话者最好的"恭维"。只有善于倾听，才能更加准确地把握对方的情绪及内心真实的想法。倾听也是一种技巧，学会倾听要注意以下几点：

1. 和对方立场保持一致

在倾听时要保持心理高度的专注度，随时注意对方谈话的重点，要站在对方的立场，仔细地倾听。不要用自己的价值观去指责或评断对方的想法，要与对方保持共同理解的态度。

2. 倾听时要专心、全神贯注

告别心不在焉的举动与表现，如果在倾听过程中出现打哈欠、开小差等小动作，那么就会使这种良性沟通大打折扣。

3. 适时给予回应

点头或者微笑就可以表示赞同正在说的内容，表明你与说话人意见相合。这样做可以鼓励对方尽量表达自己，也能间接地表明你的态度和观点。

4. 让人把话说完

你应该在确定知道别人完整的意见后再做出反应，别人停下来并不表示他们已经说完想说的话。让人把话说完整并且不插话，这表明你很看重沟通的内容。人们总是把打断别人说话解释为对自己思想的尊重，但这却是对对方的不尊重。即便你与对方意见相左，你也要耐心听对方说完，否则无法达到倾听的目的。

南风效应——温暖的力量胜于简单粗暴

北风和南风比威力，为了证明谁更厉害，它们决定进行一场较量，看谁能让行人把身上的大衣脱掉。北风首先来了个寒风刺骨，想把行人的衣服刮掉，结果行人把大衣裹得紧紧的。南风则徐徐吹动，顿时风和日丽，云开雾散，行人春意上身，纷纷解开纽扣，继而脱掉大衣，于是南风获得了胜利。

南风效应（South Wind Law）也叫作“温暖法则”，它来源于法国作家拉·封丹写的一则寓言。它告诉我们：温暖胜于严寒。运用到管理实践中，南风效应要求管理者尊重和关心下属，时刻以下属为本，多点人情味，多注意解决下属日常生活中的实际困难，使下属真正感受到管理者给予的温暖。这样，下属出于感激就会更加努力积极地为企业工作，维护企业利益。

在日本，几乎所有的公司都很注重人情味和感情的投入，给予员工家庭般的情感抚慰。日本著名企业家岛川三部曾自豪地说，他经营管理的最大本领就是把工作家庭化和娱乐化。索尼公司董事长盛田昭夫也说：“一个公司最主要的使命是培养它同雇员之间的关系，在公司创造一种家庭式情感，即经理人员和所有雇员同甘苦、共命运的情感。”该企业内部管理制度非常严格，但该企业家深谙刚柔相济的道理。他们在严格执行管理制度的同时，又最大限度地尊重员工、善待员工、关心体贴员工的生活。如记住员工的生日，关心他们的婚丧嫁娶，促进他们的成长和人格完善。这种抚慰不仅针对员工本人，有时还惠及员工的家属，使家属也感受到企业这个大家庭的温暖。此外，日本大企业普遍实行内部福利制，让员工享受尽可能多的福利和服务，使其感受到企业对家庭所给予的温情和照顾。在日本员工看来，企业不仅是靠劳动领取工资的场所，还是满足自己各种需要的温暖大家庭。企业和员工结成的不仅仅是利益共同体，还是情感共同体。正是通过这种方式，许多公司的员工都保持着对公司的高度忠诚。

松下公司的做法极富典型性。与其他日本公司一样，松下尊重职工，处处考虑职工利益，还给予职工工作的欢乐和精神上的安定感，与职工同甘共苦。

20世纪30年代初，世界经济不景气，日本经济大混乱，绝大多数厂家都裁员，降低工资，减产自保。百姓失业严重，生活毫无保障。松下公司也受到了极大伤害，销售额锐减，商品积压如山，资金周转不灵。有的管理人员提出要裁员，缩小业务规模。这时，因病在家休养的松下幸之助并没有这样做，而是毅然决定采取与其他厂家完全不同的做法：工人一个不减，生产实行半日制，工资按全天支付。与此同时，他要求全体员工利用闲暇时间去推销库存商品。松下公司的这一做法获得了全体员工的一致拥护，大家千方百计地推销商品，只用了不到3个月的时间就把积压的商品推销一空，使松下公司顺利渡过了难关。在松下的经营史上，曾有几次危机，但松下幸之助在困难中依然坚守信念、善待员工的经营思想，使公司的凝聚力和抵御困难的能力大大增强，每次危机都在全体员工的奋力拼搏、共同努力下安全度过，松下幸之助也赢得了员工们的一致称赞。

松下以员工为企业之本的做法在获得了员工们大力欢迎的同时，也为松下公司培养了一个无坚不摧的团队。

正是因为松下幸之助始终贯彻以人为本、尊重职工、爱护职工的企业经营理念，才使自己总能绝处逢生。

得人心者得天下！只有真正俘获了员工的心灵，员工才会为企业的发展死心塌地地工作。在企业管理中多点人情味，少些铜臭味，有助于培养员工对企业的认同感和忠诚度。有了这些，企业在竞争中就能无往而不胜。

在生活中也是如此，鸡蛋碰石头的方法不可取，那样不但起不到任何效果，还会伤及自己。相反，以柔反能克刚，以退反而能前进。懂得这个道理的人，才能战胜强大的对手。

刺猬效应——把握好亲近的度

在寒冷的冬天，两只刺猬要相依取暖，由于距离太近，各自的刺将对方刺得鲜血淋漓，后来它们拉开了适当的距离，不但能互相取暖，而且能很好地保护对方。刺猬效应强调的就是人际交往中的“心理距离效应”。“亲密有间”的关系，是一种不远不近的恰当合作关系。正所谓“疏者密之，密者疏之”。

每个人的思考方式都是不同的，看待事物的角度也不同。这个世界要求我们每个人都不能以自己为中心，要清楚地认识到自身的缺点。别人可以选择去理解包容，同时别人也可以选择与此对立。当到了新的环境，我们尝试用过去形成的个性去适应，结果往往都会失败。想必此时的你是孤立无援的。我们每个人都是一只刺猬，远和近都会伤人。要学会掌握交往的尺度和测量人心之间的距离。关系越走越近，缺陷就暴露得越明显，矛盾是通过沟通解决的。当然，我们已经远离了最初的彼此，或许还会有其他的情况。沟通是建立在诚信的基础上的，事情的真实面貌得以呈现，大家才能在一个平台上交流，不是质问也不是指责而是谈心。

刺猬有着满身的刺，真的就能保护自己吗？刺猬幸福吗？刺猬的背部虽然长满了刺，可它的肚子却柔软无比……世界上很多东西都是如此，表面越是坚硬、锋利，内部越是脆弱……但世人看到的大多是这些浮于表面的现象，不知从什么时候开始，我觉得自己也开始变得像刺猬一样，全身长满了刺。可我似乎是为了像刺猬那样保护自己那颗柔软的心，才会把自己伪装成像刺猬一样……可当我无意中刺伤到别人时，我却无法做到事不关己一样地心安理得。或许，原本世人都是刺猬，想得到彼此的关爱与温柔，想亲密接触可却又不能避开彼此的刺。

我们每个人都是刺猬，那些刺是我们最个性的部分，是我们最自我的一面，是我们最真实的面貌，更是我们自我保护的那件金甲盔衣。当我们遇到喜欢的、愿意亲近的人时，我们会努力向对方靠拢，有时可能会一兴奋就忘记收起自己的刺，扎到对方都不知道。当我们遇到讨厌的人时，我们也会用这全身的刺逼退对方，让自己不受伤害，转危为安。细细想想，如果只是陌生人，我们会离得很远，轻轻一瞥，各走各的阳关道，谁也扎不到谁。而扎到我们和被我们扎的往往是我们最亲近的人，亲人、爱人、朋友。因为我们要取暖，寒冷让我们取暖的迫切冲淡了收起长刺的理智，因为兴奋我们忘记了自己是只长着刺的刺猬。

法国总统戴高乐就是一个很会运用刺猬效应的人。他有一则座右铭："保持一定的距离！"这也深刻地影响了他与顾问、智囊和参谋们的关系。在他的总统岁月里，他的秘书处、办公厅和私人参谋部等智囊机构，没有什么人的工作年限能超过两年。他对新上任的办公厅主任总是这样说："我任用你两年，正如人们不能以参谋部的工作作为自己的职业，你也不能以办公厅主任作为自己的职业。"这就是戴高乐的规定。这一规定出于两方面原因：一是在他看来，调动是正常的，而固定是不正常的。这是受部队做法的影响，因为军队是流动的，没有始终固定在一个地方的军队。二是他不想让这些人变成他"离不开的人"。这表明戴高乐是个主要靠自己的思维和决断而生存的领袖，他不容许身边有永远离不开的人。只有调动，才能保持一定距离，而唯有保持一定的距离，才能保证顾问和参谋的思维与决断具有新鲜感和充满朝气，也就可以杜绝顾问和参谋们利用总统和政府的名义营私舞弊。

戴高乐的做法是令人深思和敬佩的。没有距离感，领导决策过分依赖秘书或某几个人，容易使这些人假借领导名义谋一己之私利，后果是很危险的。两相比较，还是需要保持一定距离。

个人空间是相对的，它的范围大小由交往双方的人际关系以及所处情境决定。简单地说，合适的距离取决于你和对方的亲疏关系和所处环境。人与人之间的距离由双方的人际关系以及所处情境决定，即你和对方是什么关系就要保持什么样的距离。

人类学家爱德华·霍尔博士给出了清楚的解答，他将人际交往划分为四种区域或距离：亲密距离，人际交往中的最小间隔或几无间隔，即我们常说的“亲密无间”；个人距离，稍有分寸感的距离，少有直接的身体接触；社交距离，一种社交性或礼节上的较正式关系；公众距离，公开演说时演说者与听众所保持的距离。相互交往时空间距离的远近是交往双方之间是否亲近、是否友好的重要标志。因此，人们在交往时，选择正确的距离是至关重要的。你需要懂得如何调节距离，做到不近不远，不亲不疏，这需要一些技巧。人际交往的空间距离是可变的，且具有一定的伸缩性，要学会在不同情境中调节距离。

贝勃定律——雪中送炭强过锦上添花

尼雅和米娜是闺中密友，她们对待金钱、对待人生的态度，一致得让有些双胞胎姐妹都自愧不如。让人大跌眼镜的是，情人节那天，同样的情景，面对同样的玫瑰，尼雅和米娜的反应却大相径庭。

面对男友递过来的玫瑰，尼雅表现出的不仅仅是欣喜若狂，她的眼中还闪烁着一种感受到被呵护、被关爱的极度甜蜜。尼雅当场给了男友一个深情的拥抱，甚至不顾旁边有他人在场，赏了男友一个香吻。相比之下，米娜的反应平静多了。面对那束娇艳欲滴的红玫瑰，米娜浅浅一笑，就把它接了过来，眼里没有我们期望看到的感动与兴奋。当被问到“情人节收到火红火红的玫瑰，觉不觉得很感动”时，米娜回答“感动”之余，不忘补充一句：“其实也没什么，我知道不少人收的是‘蓝色妖姬’呢！”

两个成长背景相似、年龄相近、与男友交往过程相同、性格几乎一致的女孩，对待同样一束代表着男友赤诚之心的玫瑰，反应为何完全不同？是米娜不够爱她的男友，还是她变虚荣了，变得更看重金钱和物质？又或者是，米娜的男友表现得不够真诚？不然就是尼雅故意夸张地表现自己的情绪？

不，都不是！之所以会产生这两种截然不同的结果，主要是因为：米娜的男友在情人节前的那两个月，每个周日都会送米娜一束玫瑰花；而尼雅的男友从来没有送过玫瑰花给她。其实，两对情人的感情都是非常好的，米娜并没有嫌弃男友送的不是昂贵的“蓝色妖姬”，也不比尼雅虚荣，更不是比尼雅看重物质和金钱。

米娜和尼雅的反应都是非常正常的反应，也就是当经历过更强烈的刺激以后，如果再有类似的刺激，当事人会因为之前的适应而觉得微不足道。很明显，如果米娜的男友不是一直都有送玫瑰花给对方的习惯，或许在情人节那天，米娜的反应就会和尼雅一样是喜极而泣的。

法国心理学专家还做过这样一个实验：当一个人的右手举着 300 克的砝码的时候，在其左手放 305 克的砝码，他并不觉得有多少差别，直到左手砝码的重量增加到 306 克时，他才会觉得有些重。如果右手举着 600 克的砝码，左手上的重量要达到 612 克时，他才感觉到更重。

这就是说，原来右手的砝码越重，左手就必须增加越大的重量，他才能感觉到差别；或者说，人的感觉与原来的基础密切相关。心理学把这种现象称为贝勃定律。贝勃定律表明的是一种社会心理学效应，当人经历强烈的刺激后，之后施加的刺激对他来说也就变得微不足道，即第一次刺激能缓解第二次的小刺激。

贝勃定律是一个“狡猾”的定律。它的效应在各个方面几乎都能屡试不爽。因为，不论生理上还是心理上，人总是会有一种逐渐适应的机制。经常会在街上看到这样的情形，一家商店门口拉上了一条安全带，控制进入商店的人数，而店门外准备入店选购的人居然排起了一条长龙。这在到处打着“不计成本，疯狂减价”标语的步行街，简直是奇迹。

真正高明的商家，会按照奇贵的“原价”销售一段时间（哪怕卖不出一件商品）后，再进行轰轰烈烈的“减价销售”。其实，前面的原价销售就是为之后的“让利促销”做铺垫的，这是贝勃定律的应用方式之一。

有些人会抱怨朋友没有刚熟识时对自己那么好了，其实事实并不是那样，只是刚熟悉的时候别人对你的一点点关心你都会觉得情谊很深，而后时间久了，你会在无形中把这种关心当成理所当然，所以你会渐渐觉得你的朋友对你没有之前那么好了。这种情况就是贝勃定律在作怪。其实，变了的不是事实，而是你的感受。如果你对别人一直是全心全意的话，你便会觉得自己活得很累。知道了其中奥妙以后，也许可以把握好自己的热情，不会像以前那样一味地重复某种刺激，至少我们可以改变刺激的方式，或者是不定时地给予刺激。这样才能达到事半功倍的效果。

在生活中我们就该把握好自己的尺度。对待朋友，要好；对待家人，要好；对待恋人，要好。要懂得给予应该是平等、及时、急需和适度的。因为给予后效果的好坏并不完全与给予数量的多少成正比，所以雪中送炭的事情要尽量多做，锦上添花的事情可少做，画蛇添足的事情要尽量不做。因为那些好不能是你的全部，当你对待别人的好到达极限后，你将再也无法付出更多，那样反而只会让你在意的人觉得你对他们没有那么好了。所以，对待一个人要保持七分，最后的三分，请保持神秘。

对于接受方来说，要懂得感恩，避免被错觉所蒙蔽。有了感恩的心灵，才能有感恩的眼睛；有了感恩的眼睛，才能有感恩的世界；有了感恩是世界，才能有感恩的人生；有了感恩的人生，才能更懂得珍惜，更懂得满足，更懂得快乐，更懂得幸福。

阿伦森效应——警惕自己的表现

在一个社区的空地上停放着一辆报废的汽车，社区里的孩子们每当夜幕降临时便爬到车上蹦蹦跳跳，“嘭嘭”之声震耳欲聋，吵得家家户户不得安宁。物业公司的管理员和一些住户也出面管过，讲道理、大声斥责、找家长等法子都用过了，往往开始还有一点效果，可一段时间后，“嘭嘭”之声又响起来了，居民们无可奈何。有一天，小区里来了一位心理学专家，看到孩子们的折腾，便走过去用商量的口气说：“小朋友们，我们来一场比赛怎么样，谁蹦得最响就奖励谁一支玩具手枪。”孩子们一听有这种好事，一个个欢呼雀跃，大家争相蹦跳，小区里吵得更厉害了，结果优胜者果然得到了一支玩具手枪，并约定以后每天都来参加这种比赛。次日，心理学专家来到车前，对早就爬上车等候比赛的小朋友们说：“今天继续比赛，奖品是两颗奶糖。”孩子们见奖品直线下降，心中纷纷不悦，感觉没劲，无人卖力蹦跳，声音稀疏而弱小，但还是有人得到了两颗奶糖。第三天，心理学专家又对站在车上的孩子们说：“还比赛吗？今天的奖品是花生米两粒。”孩子们一听，如鸟兽般散离开汽车，说：“不蹦了，不蹦了，没意思，回家看电视了。”

故事中，心理学专家在“正面难攻”的情况下，反用了“阿伦森效应”。阿伦森是一位著名的心理学专家，他曾经做过这样一组实验：将参与实验的人分成四个小组，分别给予不同的评价，借以观察被试对他人评价的反应。第一组始终对之褒扬有加，第二组始终对之贬损否定，第三组先褒后贬，第四组先贬后褒。此实验对数十人进行过后，发现绝大部分人对第四组“先贬后褒”最具好感，而对第三组“先褒后贬”最为反感。阿伦森对这一效应进行了分析，人们大都喜欢那些对自己表示赞赏的态度或行为不断增加的人或事，而反感上述态度或行为不断减少的人或事。

为什么会这样呢？其实主要是挫折感在作怪。从倍加褒奖到小的赞赏乃至不再赞扬，这种递减会导致一定的挫折心理，但一次小的挫折一般人都能比较平静地承受。然而，继之不被褒奖反被贬低，挫折感会陡然增大，这就不太能被一般人所接受了。递增的挫折感是很容易引起人的不悦及心理反感的。这就是阿伦森效应——随着奖励减少而导致态度逐渐消极，随着奖励增加而导致态度逐渐积极的心理现象。在日常工作与生活中，我们应该尽力避免由于自己的表现不当所造成的他人对自己印象向不良方向的逆转。同样，它也提醒我们在形成对别人的印象过程中，要避免受它的影响而形成错误的态度。

很多刚刚参加工作的年轻人在初来乍到的时候，不管是老员工还是领导，对于他们做一点小事都要给予褒奖，但是日子久了，表扬赞誉也自然随着减少，这无疑是给干劲十足的年轻人泼了一盆冷水，他们工作的热情也会随之下降，甚至不良情绪也因此在心中滋生。而实际上，对领导和同事而言，这种由勤劳到懒惰的转变同样会产生“褒奖递减”的作用，形成另一种阿伦森效应。

如果说上述故事中心理学专家采用的“奖励递减法”产生了奇妙的心理效应，那么为老师所熟知的著名教育家陶行知的“四颗糖的故事”却是采用了“奖励递增”或曰“先贬后褒”的方法，取得了很好的心理效应。

大教育家陶行知在育才小学任校长时，见到一个学生用泥块砸同学，陶先生令其放学后到校长室见他。放学后陶先生来到校长室，见那个孩子已在门口等候。陶先生便从口袋里掏出一颗糖果："这是奖给你的，因为你比我按时到了。"当学生刚接过糖果，陶行知又掏出一颗糖果："这也是奖给你的，因为我让你住手时，你就立即不再砸同学了。"孩子正不知所措，陶行知掏出了第三颗糖果："我调查过了，你砸他们是因为他们欺负女同学，这说明你很正直，有跟坏人做斗争的勇气。"当陶行知说到这儿时孩子就哭了："先生，我错了，我砸的不是坏人，是我的同学呀……"陶行知满意地笑了，随即掏出第四颗糖果说："你能认错，我再奖给你一块糖果……"在这里陶行知校长没有正面指责、呵斥学生的错误，而是用四颗糖果对学生进行了深刻的教育。学生在那种情境下听话地来到校长室，是他知错、认错和改错的开始，四颗糖果从不同角度、不同层次对学生行为加以褒奖，让学生在愉快的心境下接受了教育。这个故事影响了小男孩的一生，也教育着一代又一代的为人师者。

大多数人喜欢褒奖不断增加，批评不断减少。我们就要善用褒贬，先贬后褒。在与人交往的过程中，要警惕自己的表现，要多以一颗平常心来面对周围的褒贬，并避免受它的影响而形成错误的态度。

投射效应——推己及人，但也别一厢情愿

投射效应是指以己度人，认为自己具有某种特性，他人也一定会有与自己相同或者相似的特性，从而经常把自己的感情、意志、特性投射到他人身上，并认为对方也应该有同样的感受和认知。简单来说，这就是强加于人的一种认知障碍。

俗话说："物以类聚，人以群分。"生活中这不仅仅是一句俗语，更是投射效应的一种体现。在众人眼里，同一个群体的人总会具有某些共同的特征。所以，对于那些身份、地位、年龄、性格与自己相同或者相似的人，便会习惯性地用自己的喜好去认识、评价、判断、衡量，认为他们也应该有着和自己同样的想法、观念、处世原则等。但事实上，在这种心理的驱策下，人们的行为往往会失之偏颇。

"以小人之心，度君子之腹"就很明显地反映了投射效应。投射效应使人们陷入了主观的世界，影响了对客观世界的正确认知。大千世界就是每个人内心的缩影，投射效应缩小了人们的思想视野，导致对事物的看法停留在自己的内心环境里。一个坏人看到的全是坏人，一个有着优秀品质的人看到的则都是人性中的闪光点。

一日，宋朝著名才子苏东坡与友人佛印和尚在路上相遇。东坡见佛印身披黄袍袈裟，身材高大、魁伟，便想借机捉弄一番，于是就笑呵呵地对佛印说："佛印兄啊，你知道你看上去像什么吗？"佛

印先是一愣，之后便傻傻地问道："东坡兄，你看我像什么？"东坡便哈哈笑开了，回答道："你呀，看上去像一堆大粪。"东坡满以为佛印会勃然大怒，却不想佛印微微一笑，点头问道："东坡兄，你知道你看上去像什么吗？"东坡听此一问，便想佛印这是以其人之道，还治其人之身，便小心地问道："你看我像什么？"只见佛印一字一句道："东坡兄，你一袭学士长袍，满面红光，活像一尊佛啊！"说完还向东坡鞠了一躬。东坡有些丈二和尚摸不着头脑，心道这和尚是不是傻呀。回到家后，东坡与苏小妹讲起此事，小妹听完连声说："哥哥，你上当了，你被大和尚涮了！"东坡一惊，忙问："到底怎么回事？"小妹说："哥哥呀，你真糊涂！难道你不知道佛教里有句话叫'心中有佛，见人是佛''心中有大粪，见人是大粪'吗？"东坡顿时满面羞愧。

投射效应主要有两种表现形式：一是感情投射。认为别人的爱好、憎恶与自己相同，把他人的特性纳入自己的主观世界，用自己的思维方式理所当然地假定别人的行为模式和自己一样。自己喜欢某一样东西就大谈特谈，自己不喜欢的事物则根本不去倾听。二是认知缺乏客观性。对于自己喜欢的人或者事物，越看越觉得优点多；对于自己不喜欢的人或者事物，就认为一无是处。这样一来就导致过分地赞扬和吹捧自己喜欢的人和事物，过分地指责自己所讨厌的人和事物。

把自己的感情投射到他人身上进行美化或者丑化，就完全失去了客观性，很容易陷入偏见的泥潭。

投射效应的发生与情境是离不开的。有些人遭遇某种特定的生活事件后，各种心理特性就会产生一系列的连锁反应，形成一种特定的心态："感时花溅泪，恨别鸟惊心。"当一个人高兴的时候，他也许看什么都觉得精彩；当他不高兴的时候，他觉得周围的一切都是如此乏味。

若对某人心怀敌意，你会觉得他的一举一动似乎都对自己不利，他说一句玩笑，你觉得他是在嘲笑自己，他拍你一下肩膀，你有可能觉得他是在挑衅自己。这也可以解释生活中为什么有些小事能够激起双方的愤怒，从而发生打架斗殴。教师也经常受投射效应的影响，盛怒之下，教师会觉得所有的学生处处在和自己作对；心情烦躁时，会发现学生总是出错；高兴的时候，教师又会发现学生的优点特别多，与学生相处得也格外和谐。

人们发现自己有一些缺点时，为了找到心理平衡，会把这些缺点投射到别人身上，认为别人也有这种缺点，“五十步笑百步”就是一个很好的例证。自己认为逃跑是一件很难堪、很耻辱的事情，可发现他人也逃跑后，这种耻辱的心理就会大大减轻。这是一种自我保护措施，可以让自己的心灵得到安宁，但这样一来就会影响到对人和事的正确判断，会让自己的认知产生严重的偏差。在现实中，我们更容易见到人们把那些不好的特征投射到自己尊敬的人身上，以达到减轻自己心理压力的目的：他都会这样，何况我一个无名小卒呢?

投射效应是可以克服的，这就要求我们能够正确、理性地认知自己和他人，严于律己，宽以待人，避免用自己的标准去判断周围的人，这样才可以防止“以小人之心，度君子之腹”的情况发生。

席位效应——坐对位置成功一半

中国自古就讲究席位。皇帝临朝听政，或者各级官员治理民事的时候，总是坐北朝南。所以，古人以北边的座位为尊。外国人看李安导演的《色·戒》时，看不懂麻将的玄机，其实，很多现代的中国人看《鸿门宴》，也看不懂其中的坐向玄机。在《鸿门宴》里，“项王、项伯东向坐；亚夫南向坐——亚夫者，范增也；沛公北向坐；张良西向侍”。按照汉代的礼节，一般以东向坐为尊，其后依次是南向坐、北向坐和西向坐。项羽留沛公饮，刘邦是客人，理应东向坐以示尊敬，但项羽居然自己坐在那里。这里面暗含了项羽的骄横之气，当然也反映了刘邦的忍辱之能。

今天，我们寻常百姓似乎已不太讲究席位了，没人会因为自己被安排在南向坐而生气，甚至很多人也分不清东南西北。那么，席位在如今就毫无用处了吗？可不一定。

据说美国有一个评论型节目，主持人苦心经营、组织话题，并认真挑选嘉宾参与评论。可是，节目找来的这些评论人，虽然能谈一些，但似乎总是缺乏激情，很难将讨论引入高潮。因此，每次评论都显得气势平平、不尽如人意。这可急坏了主持人和制片人，他们都想把节目做得更好一点，于是请教了心理专家。专家看了近几期节目，发现选题、主持人、访谈技巧等方面似乎都还可以，最后向节目组提出改变座位摆放方式的要求。起先，主持人和制片人都不解其意，只是听心理专家的，把横排而坐的坐向改成两人相对而坐。结果却惊人地发现，节目往往能掀起激烈的讨论，而这个节目也很快变得收视率颇高。

我们发现，这里的改变只是一个小小的坐向调整，却带来了最终的大幅改善。由于一时找不到既有称呼，就姑且沿袭古人的叫法，称之为“席位效应”吧。任何学过心理咨询的人都知道，国内的很多教材都告诉我们与来访者的坐向不能面对面。教材上解释说，因为中国人受社会文化影响比较含蓄，因此大多建议与来访者呈 45° 并排而坐。然而，从实际的经验来看，这 45° 的做法并不是特别有效，反倒是四目相对要有效得多。为什么呢？因为人与人的交往中，除了语言的部分，更多的非语言信息也不容忽视，甚至是关键的。尤其对于以来访者为中心的咨询来说，善于捕捉来访者身上的小动作，往往会让咨询效果得到提升。这个道理和察言观色一样，如果你看到别人频繁抬手看表，你很容易就能发现对方打算离开的心思。

也许一提到面对面的坐法，第一个进入我们脑海里的场景就是学生时代和教导处主任的谈话。的确，面对面的坐法会让人产生一些压力，但正像上面节目中的讨论一样，这种压力能迫使对方说出更多内容来。更重要的是，眼神的交流也很容易被你把握。要说教导处给人的不良印象，恐怕还是要问问那些老师和学生谈话的方式如何吧。说到席位的前后问题，就不得不再说说左右问题。不知道你有没有想过，和别人在一起吃饭也好，去 KTV 唱歌也好，到底该坐到对方的左边还是右边呢？这个问题看上去很小，但如果你坐在对方不喜欢的一边后果就不太妙了。要想弄清楚自己该坐哪一边，就先想想：对方平时思考问题时，爱以“我”为中心呢，还是爱以“我们”为中心？对于“我型”的人，你最好坐在其左边；相反，如果你坐在“我们型”者的左边，那只会招来对方的漠然不理。如果你够厉害的话，可以坐在“我型”者的左边，同时坐在一个“我们型”者的右边，这样不就是“左右逢源”了？

此外，我们还可以通过别人的发型或提包来判断自己该处于别人的哪个方向。比如，女孩子的头发一般会左右不均匀地分开，这样就会露出一侧的额头。比如，她露出右边的额头，那你就应该从右侧和她搭讪，这样效果要比左侧好。如果目标是一位男士，你就从他提包的位置来判断。因为包是一种防御的象征，如果你和对方隔着一个防御物的话，心理隔阂在所难免。所以，他把包背在左边，你就朝右边上去搭讪，这样成功率要高出许多。

总而言之，人际中的席位效应问题一定不可小视。坐对位置，站对方向，你就成功了一半。席位之说是我国自古就有的，对今日的社交心理学也有很大启迪。一定要注意和对方的坐向问题，坐对位置会让你成功率翻倍！

成功篇

心理学让你的成功更简单

发挥优势——认识到自身的优势是成功前提

我国台湾地区的皮毛大亨虞文先生，生于一个数学世家，父母都是数学界的知名学者。当然父母更希望孩子将来也成为数学家，从小虞文就被父母灌输各种数学知识。

但不知为什么，小虞文无论如何也对数学提不起兴趣，不管父母用何种方式给他讲解数学，他不是理解不了就是不愿意听。父母很是无奈，为儿子以后成不了才而担心。可是虞文却对商业产生了极大的兴趣。他除了学习数学之外，在夜里还偷偷地学习有关商业以及商业管理方面的知识，后来几乎到了如饥似渴的地步。

虽然对商业有着极大的兴趣，可是为了不违背父母的期望，他毕业后来到了父亲的学校里教授数学。他心里很明白数学并不是他所擅长的，因此一直在争取机会去商场一展身手。在他一再坚持之下，父母只能放弃了对他的要求。就这样，他白手起家，依靠自己的胆识和商业天赋在商场中积累了丰富的经验，最后成了首屈一指的皮毛大亨。

商业天赋是虞文先生的优势，他坚持选择适合自己发挥优势的职业，最后取得了成功。这个例子证明，发挥优势、认识到自己的优势是成功的前提。优势是一个人比对手卓越的地方，也是一个人信心的来源和人生之路选择的根据。你的优势是你成功的要素和主因。如果你没有良好的观察能力和写作能力，却要做个作家，那注定会失败。要成功，你必须充分地发挥你自己的优势。

事实证明，只要努力去做，每个人都能成功。但是，现代成功学更认为，只要在最关键的地方发挥了自己的优势，那么你就更容易获得成功。

不管你抱有什么理想，想领先于什么领域，用自己的优势出击，都不是难以企及的。

不论你负责的是一家万人以上的企业，还是普遍职员，你都可以积极地去影响你家人的生活、领导的生活、同事的生活和朋友的生活，而更重要的是，你可以积极主动地决定自己生活的道路。

社会上许多人只会羡慕别人，或者模仿别人做事，不懂得认清自己的优势、了解自己的能力，然后锁定目标、全力以赴，所以不能够成大事。据调查，有 28% 的人正是因为找到了自己最擅长的职业，才彻底地掌握了自己的命运，并把自己的优势发挥得淋漓尽致，这些人自然都跨越了弱者的门槛，迈进了成功者之列；相反，有 72% 的人正是因为不知道自己的“对口职业”，而总是别别扭扭地做着不擅长的事，因此不能脱颖而出，更谈不上成大事了。实际上，世界上大多数人都是平凡人，但他们都希望自己成为不平凡的人——成大事者，梦想成大事，才华获得赏识，能力获得肯定，拥有名誉、地位、财富。不过遗憾的是，真正能做到的人似乎总是不多。

如果用心去观察那些成功者，他们几乎都有一个共同的特征：不论聪明才智高低，也不论他们从事哪一种行业、担任何种职务，他们都在做自己最擅长的事。

一位知名的经济学教授曾经引用三个经济原则做了贴切的比喻。他指出，正如一个国家选择经济发展策略一样，每个人应该选择自己最擅长的工作，做自己专长的事，才会胜任、愉快。换句话说，当你在与别人相比时，不必羡慕别人，你自己的专长对你才是最有利的，这就是经济学强调的“比较利益原则”，这是第一。

第二个是“机会成本原则”。一旦自己做了选择之后，就得放弃其他的选择，两者之间的取舍就反映出这一工作的机会成本，于是你必须全力以赴，增加对工作的认真度。

第三个是“效率原则”。工作的成果不在于你工作时间有多长，而是在于成效有多少，附加值有多高。如此，自己的努力才不会白费，才能得到适当的回报与鼓舞。

境遇是自己开创的，成功乃是自己造就的。你不必看轻自己，你要相信你的能力是独一无二的，你也许正在完成一件了不起的事，有朝一日，你或许真的可以变得“很不平凡”，成为大家羡慕的成功者。

一个人做自己擅长的事，脚踏实地是获取成功的另一法宝。每个人在年轻的时候都会立志，有的人想当科学家、发明家或者大文豪，每个人都看起来志向远大，皆做成大事者之梦，但不是每个人都能当科学家、发明家或者大文豪。培养一技之长，一步一步去累积自己的个人资源，才是迈向成功之路的要素之一。

也就是说，一个人成大事的工作方法在于：该花的心血一定要投入，该有的过程一定要经过。人生充满变数，一个人的成功与否，不单看他的资质，还要看他的毅力。夏目志郎认为，人必须有梦想，否则就失去了奋斗的目标与方向，但成大事者的条件是必须日积月累地做好准备，你可以立志做大老板，做大文学家，但绝对不要躺在那里等待。

目标法则——正确的目标是前进的明灯

你的目标是什么？你真正想要的东西是什么？目标是人生的导向，正确的目标能指引你的人生走向成功。目标是一个人心中不灭的信念，是一个人通往成功的必要条件，没有目标可能会失去人生重要的支点，失去追求理想生活的动力。心存远大的理想抱负是现代每一个想有所成就的人应具备的精神条件。

有一年，一群意气风发的骄子从美国哈佛大学毕业，他们将穿越各自的“玉米地”。他们的智力、学历等条件都相差无几。临出发前，哈佛对他们进行了一次关于人生目标的调查。结果是这样的：

27% 的人，没有目标；

60% 的人，目标模糊；

10% 的人，有清晰但比较短的目标；

3% 的人，有清晰而长远的目标。

以后 25 年，他们将穿越“玉米地”。

25 年后，哈佛再次对这群学生进行了跟踪调查。结果又是这样的：

3% 的人，25 年间朝着一个方向不懈努力，几乎都成为社会各界的成功人士，其中不乏行业领袖、社会精英；

10% 的人，他们的短期目标不断地实现，成为各个领域中的专业人士，大都生活在社会的中上层；

60% 的人，他们安稳地生活与工作，但都没有什么特别的成绩，几乎都生活在社会的中下层；

剩下 27% 的人，他们的生活没有目标，过得很不如意，并且常常在抱怨他人、抱怨社会、抱怨这个“不肯给他们机会”的世界。

人们对成功的理解，往往只是对结果的认知与把握。而事实上，任何意义上的成功都是点滴的累积，都是丰富的过程内容的积淀与凝聚。诸如财富的积累、学业的成就、卓越企业的经营，无一不是如此。然而，引领成功的却是目标，正如一首乐曲的音调决定于首个音符。而对于成功而言，起首音就是目标。

法国著名人文主义作家蒙田说过：“灵魂如果没有确定的目标，它就会丧失自己！”此话言简意赅，明白之至。一个人如果没有目标，那他的生活就没有方向，没有重心，就缺乏朝气。

1952 年 7 月 4 日清晨，加利福尼亚海岸笼罩在浓雾中。在海岸以西 30 多公里的卡塔林纳岛上，一名 34 岁的女人涉水进入太平洋中，开始向加州海岸游去。要是成功了，她就是第一个游过这个海峡的妇女。这名妇女叫费罗伦丝·柯德威克。在此之前，她是从英法两边海岸游过英吉利海峡的第一个妇女。那天早晨，海水冻得她身体发麻，雾很大，她连护送她的船都几乎看不到。时间一个小时一个小时过去，千千万万人在电视上注视着她。在以往这类渡海游泳中，她的最大问题不是疲劳，而是刺骨的海水。15 个小时之后，她被冰冷的海水冻得浑身发麻。她知道自己不能再游了，就叫人拉她上船。她的母亲和教练在另一条船上。他们告诉她海岸很近了，叫她不要放弃。但她朝加州海岸望去，除了浓雾什么也看不到。几十分钟之后，人们把她拉上了船。而拉她上船的地点，离加州海岸只有不到1公里！

当别人告诉她这个事实后，从寒冷中慢慢复苏的她很沮丧，她告诉记者，真正令她半途而废的不是疲劳，也不是寒冷，而是在浓雾中看不到目标。柯德威克小姐一生中就只有这一次没有坚持到底。两个月之后，她成功地游过了同一个海峡。

为自己设立一个正确的目标，朝这个目标去努力，那他的生活就会充实而有意义。

在蒙古草原上，一位年岁已高的父亲带着自己的三个儿子去草原打猎。四人来到草原上，这时父亲提出了一个问题："你们看到了什么呢？"老大很快做出反应："看到了我们手中的猎枪，草原上奔跑的野兔，还有无边无际的草原。"父亲摇了摇头。二儿子回答说："我看到了爸爸、哥哥、弟弟、猎枪、野兔和茫茫的草原。"父亲接着又摇了摇头。而老三却说："我只看到了野兔。"

父亲听后笑了，对三个儿子说道："老三的回答可能让你们感觉很幼稚，但这恰恰说明了一个道理：一个能够顺利捕获猎物的猎人只瞄准自己的目标。有时候我们之所以没成功，是因为看到的太多，想得太多，禁不住诱惑，丢失了自己的目标和方向。一个人只有专注于真正想要的东西，才会得到它。"

不错，有了自己明确的目标，就有了生活的方向，才会朝着它不断地努力探索，成功将不期而至；有了明确的目标，就仿佛是在倾盆大雨中持一把温馨的伞，虽然有时会有雨滴溅起，但却阻挡不住你前行的力量；有了明确的目标，就像孤独无助时前来的挚友，帮你排忧解难，指点方向；有了明确的目标，好似在沙漠中有了一杯水，可以使你重获生活的力量，坚持走到最后。

明确的目标能激发你的动机，动机引起你的行为，行为导向目标的实现。目标的实现是对自我价值的肯定，是对自我的奖励，自己由此体会到无比的快乐与自豪。心中认定一个目标，无论他人如何责骂，自己只管前进！这是英国学者塞·罗杰斯的真实生活体验与写照。

没有奋斗的方向，就活得浑浑噩噩。只有准确地把握自己的喜好和追求，才是走向成功的第一步。没有目标就会失去生活的欲望，每天无所适从，久而久之将会面临精神崩溃之险。所以，目标的长短、大小应该因人而异，把有限的生命投入到无限的追求当中，这样生命的价值才得以体现。

目标能使我们产生力量和积极性。它既是努力的方向，也是你的动力。因此，一定要记得给自己确立一个合适的目标。

成功应该首先从确立长远目标开始。为自己确立一个切合实际且有望达到的长远目标。在实现目标的过程中，只要能保持朝着目标不断努力、积极进取的激情，并将之应用到你的生活和事业上，那么不论你做什么，都会取得成功的。

一个有效的目标首先需要把自己的想法清晰化，明确自己想达到的具体目标，然后全力以赴地去实现这个目标。制订实现目标的计划，并定出最后期限，细心规划各时期的进度：每小时、每日、每月。有组织的工作及持续的热情是力量的源泉。

面对逆境——要学会温暖自己

霍兰德说过："在最黑的土地上生长着最娇艳的花朵，那些最伟岸挺拔的树木总是在最陡峭的岩石中扎根，昂首向天。"是的，并非每一次不幸对我们来说都是灾难，曾经的逆境通常是一种幸运，与困难做斗争不仅使我们的人生得到磨炼，也为日后更为激烈的竞争准备了丰富的经验。

温室里的花朵无法经受外面的风雪，而经历过严霜的松柏却能够翘首迎寒。顺境虽然能够帮助智者找到最佳位置和最好的感觉，却也会使愚人得意忘形，不但不向前反而向后退，一直从峰顶滑向深渊。顺境不是一劳永逸，更不是一蹴而就或万事如意。要想让自己得到历练，必须在逆境中行进。俗话说："生于忧患，死于安乐。"逆境能激发人们的潜能，使其得到最大的发挥。因为逆境并不是绝境，虽然它在一定程度上会给人增加焦虑、忧愁、痛苦，但是逆境对强者而言却能磨炼他们的意志，使其在事业上有所建树。

可口可乐的总裁古滋·维塔是一个古巴人，40年前他随家人匆忙离开古巴，来到了美国。当时身上仅带了40美元和100股可口可乐的股票，而40年后，同样是这个古巴人，竟然领导可口可乐公司在他退休时扩大了7倍，使可口可乐股票值涨了30倍。他在总结自己时，说了这样一句话："一个人即使走入了绝境，只要你有坚定的信念，抱着必胜的决心，你仍然还有成功的可能！”古滋·维塔的一生经历了很多坎坷，但都被他一次又一次地战胜了。

在生活中，有成功和欢乐，也有挫折与痛苦；正如天气变化一样，有阳光灿烂，也有阴雨连绵。人生是在困难、失败、不幸的考验中走向成熟的。人生难免会遇到挫折，没有经历过挫折的人生是不完整的。钻石的璀璨源于河床的冲刷，辉煌的人生得自挫折的考验。

端木先生是一位汽车推销员。他为人诚恳，勤快机智，这些都是销售人员所必需的条件。由于他工作上非常努力，生意很火爆。有时候，他真的希望事业能够永远如此辉煌。

可是命运向他宣战了。端木先生在驾车拜访客户的路上，与迎面疾驰而来的汽车相撞，他的右眼永久地失明了，无奈之下，他只好退出了汽车销售的行业。

但是，端木先生并没有向命运低头，他仍在想着战胜困难的策略：有一天，他在一本杂志上看到许多人喜欢修复老旧的房屋，于是灵机一动，想出了一个好主意。他曾经在职业学校上学，木工和家具制造这两门课程非常优异，他想如果把自己的木工技能应用到修缮房屋上，一定可以赚到自己所需的钱。

在做这一切之前，他请职业学校为他开了一封介绍信，又麻烦以前的顾客为他写了一份推荐书，证明自己工作认真且为人可靠。因为大家对端木先生的印象一直都很好，所以都非常愿意为他做这些事情。端木还印制了新的商业名片，分送给木匠和木材经销商，并在当地的旧城区做宣传，让人们都知道他是修葺房屋的。现在，端木先生的公司已经家喻户晓了，生意很好。他说：“以前我是做汽车销售的，命运改变了我的生活，但是我相信自己一定会战胜命运。”

逆境不可避免。对于既成事实，我们所能做的是“接受不能改变的，改变可以改变的”。客观事实无法改变，对于挫折只能去面对，并在面对中得到超越，这是克服挫折、提升自我的关键前提。逆境会给人以打击，但若在打击中沉沦，则与向往成功的目标不符。不在沉默中爆发，就在沉默中消亡；同样，不在逆境中奋勇前行，就在逆境中沉沦苦海。

“自古英雄多磨难，从来纨绔少伟男。”挫折是成功者的摇篮，奇迹多在厄运中出现，逆境是达到真理的通路。在经历挫折时，我们应该知道，生活是以勇气探出来的、闯出来的。英雄的成长，除了要有大无畏之斧，还得有智慧之剑，最终的成功总是不屈服者的战利品。

孟子云：“天将降大任于是人也，必先苦其心志，劳其筋骨，饿其体肤，空乏其身，行拂乱其所为，所以动心忍性，曾益其所不能……”不经过风浪，就不能达到胜利的彼岸；不经历风雨，就不能看到彩虹；不经受磨难，就不能成大事。所以，如果你身处顺境，请走出“温室”，拿出勇气迎接困难的挑战；如果你身处逆境，也不要气馁，要勇敢地克服困难。正如人们常说“苦难是所学校”，而学得好坏要看自己。

人生有顺境就会有逆境，当我们身处逆境的时候，不要把它当成苦难，而是应该抓住这次历练的机会，让自己得到全面的提升。

生活中的逆境其实就是一个炼丹炉，能够把我们身上精华的东西萃取出来，这样的机会是难得的，所以，当我们身处逆境时应该心存感激，而不是痛苦抱怨。人们总是希望自己能够轻易地获得成功，对于自己想要的东西唾手可得，因而一旦遇到困难就会感到无法接受。其实人生会出现各种状况，顺利时就抓紧发展，遇到阻碍时就借机提高，坦然地面对这一切，就不会被烦恼和痛苦所困扰。

坚定信念——心理专注是成功的保证

拿破仑·希尔说："每种逆境都含有等量的成功的种子。"人类对于生活中的遭遇会很主观地赋予某种意义，积极的信念可使人越过障碍继续往前迈进，而消极的信念很可能就此毁掉整个人生。

我们经常会有这样的感受：当自己事事顺心时，感觉生活中处处充满金色的阳光；而一旦遭遇磨难和挫折，就会感到生活中到处都是荆棘和阴霾。所以，个人主观性在很大程度上影响和改变着人们的生活和事业。

在第二次世界大战中，有一位士官在瓜答卡纳岛战役中被炮弹的碎片割开了喉咙，医疗队及时为他输了七袋血。因为无法讲话，他只能用笔把想说的话写下来。就在手术结束后，他写了一张纸条问医生："我还能活下去吗？"医生回答说："能。"他又问："我还可以继续讲话吗？"医生再次给了他肯定的答复。于是，这个士官在纸上写道："那我还有什么可担心的呢？"

是的，如果你能够停止忧虑，对自己说："我还有什么好担心的呢？"也许你就会发现，你所面临的困难其实很容易就可以克服，根本不值得你整天忧心忡忡。况且，在生活中每个人都可能遇到困难和不幸，只要你抱定积极的信念，不退缩、不气馁、不抱怨，你就会获得成功和幸福。

伟大的科学家爱因斯坦在逆境中也坚持自己的追求，因为牛顿的定律解决不了他的问题，所以他不断地研究和探索自然，终于提出了影响全世界的相对论。人们因此找到了击破原子的方法，懂得了质量、能量相互转换的关系，解决了很多让人们困惑已久的问题。如果爱因斯坦没有钻研到底的坚定信念，恐怕难以取得这么多的成就。

当然，我们毕竟不是爱因斯坦，我们的努力结果也不一定会改变客观世界，但它却可以改变我们的内心世界，让我们能够沿着自己的心路前进。

很多年前，人们坚持认为在 4 分钟内跑完 1 英里（约 1.6 公里）简直是天方夜谭。但在 1954 年，罗杰·班纳斯特就敢于向人们的论断提出反驳。不错，他做到了，他用真实的成绩证实给人们看，他罗杰·班纳斯特就能在 4 分钟内跑完 1 英里。他能创造这样好的成绩，除了得益于在体能上的苦练，更重要的是他打破了意念上的束缚。一直以来，他都在脑海中不断地勾画 4 分钟跑完 1 英里的情形，久而久之，便形成了十分强烈的信念，因此对自己下了一道绝对命令，必须完成这项任务。他果然做到了人们都认为不可能的事。

只要坚持成功的信念，人就能够发挥出巨大的能量。通常人们喜欢对生活中的遭遇主观地赋予某种意义，有积极的，也有消极的。但是不管怎样，如果你能保持积极的信念，你就会越过重重障碍继续向前迈进。

谁都想拥有辉煌的人生，谁都想过高品质的生活，有车、有房、有地位，但为什么成功的人只占百分之十几，甚至更少？是命运决定人生吗？是老天不公吗？是那些成功人士智商更高吗？

不是，这些都不是。是因为你没有一个切实的目标，没有给自己一个真正的定位，没有让自己站在一定的高度，没有一个坚定不移的信念，没有一个持之以恒的决心。当你拥有这些时你就没有理由不成功。

由此看来，不管遭遇多大的挫折，我们始终都应该坚信：风雨过后就是彩虹。没有翻不过的山，也没有渡不过的河，只要坚信自己能行，就一定可以得到你想要的结果。

美国作家欧·亨利曾写过这样一个故事：患者琼西得了重病，医生告诉她将不久于人世。当时正值深秋，院子里的常春藤开始落叶。琼西确信，当最后一片叶子落下，自己就该去了。可奇怪的是，那一片叶子竟怎么也不肯落下，琼西因此受到鼓舞，坚定了要活下去的信念。在医生的帮助下，琼西最终战胜了病魔，恢复了健康。

故事的主人公为我们诠释了这样一个道理：守住信念就留住了希望。不难想象，如果琼西听了医生的诊断后就躺在床上等死，那么等待她的很可能就是死亡。

生活中时常会碰到这样或那样的困难，我们一定要坚守自己的信念，不要被困难吓倒。俗话说：守得云开见月明。在乌云密布的夜晚，只要我们有着对明月的渴望和抱着明月总会出来的信念，静静地等待，往往都会等到明月的美丽辉光。

守住自己的信念吧，哪怕它只是秋天最后一片落叶，只要你不曾对生活失去信心，生活就不会亏待你，因为守住了信念就留住了希望。1. 树立必胜的信念。有人说，一个人之所以能够取得成功，是因为拥有必胜的信念。信念没有了，就没有追求成功的动因。唯有信念能左右一个人的命运。因而，如果你想要获得成功，就必须有必胜的信念。2. 将信念牢记于心。相信自己可以成功的人，因为有这一信念的支持可以征服整个世界。一切成功的秘诀都在于执着于自己的信念。时常听见有些人哀叹自己时运不济，任何事都不能如愿。事实上，真正失败的原因是他做任何一件事都无法将自己的信念贯穿始终。

投入百分百热情——让自己充满活力

拿破仑发动一场战役只需要两周的准备时间，换成别人则需要一年。之所以会有这么大的差别，正是因为他对在战场取胜拥有无与伦比的热情。

当一个人对自己的工作充满激情的时候，他便会全身心地投入到自己的工作之中。这时候，他的自发性、创造性、专注精神等便会在工作的过程中表现出来。

弗兰克·帕克是美国著名人寿保险推销员，他凭着满腔的热情取得了辉煌的成就。

最初，帕克是一名职业棒球运动员，但由于动作无力，没有激情，他被球队开除了，这对他无疑是个很大的打击。球队经理对帕克说："你对职业没有热情，不配做一名职业棒球运动员。不管你走到哪里，做什么事，如果没有激情，你永远不会有出路。"

帕克在朋友的帮助下又找到了一个球队。到球队的第一天，帕克就决定改变自己，他要成为美国最有热情的职业棒球运动员。在球场上，帕克加足马力，强力击出高球，震麻了接球人的手臂。

有一次，帕克像坦克一样高速冲入三垒，对方的三垒手被帕克的强大气势给镇住了，居然忘了去接球，帕克赢得了胜利。热情给帕克带来了意想不到的结果，他没有想到他的球技如此之好。更为重要的是，帕克的热情感染了整个球队，大家也都激情四射。最终，球队取得了前所未有的成绩。

当地报纸、新闻媒体都对此进行了大量报道：“那位可信赖的球员，简直就是一个霹雳球手，全场因受他的激励而充满活力。他们赢了！这是本赛季最精彩的一场比赛。”

他的薪水由刚入队的500美元提高到约4000美元，后来薪水又增加了70倍，这都来自他对工作和球队的满腔热情。

后来帕克由于腿部受伤，离开了球队，在一家知名的人寿保险公司当保险助理，但整整一年都没有做出任何成绩。帕克想起了当年球队经理辞退他时说的话，于是再一次迸发出对工作巨大的热情。很快他就成为人寿保险界的销售明星。后来他就一直从事这个行业，并享有盛名。

帕克在回顾他的职业生涯时颇有感触地说：“我从事推销工作30年了，见过许多人，由于对工作始终保持高度的热情，他们的收入成倍地上升，当然也有一些人，他们对工作毫无热情，在工作中处处碰壁，走投无路。因此，我更加坚信，成功推销的最重要因素就是热情。每个人都想取得卓越的成就，但有些人却对自己的梦想毫无热情，或付诸行动后却发现热情减半，因此便很难有所突破。热情是来自人内心的一股力量，它促使你不断前进。”

圣女贞德是法国人心目中的英雄，凭着一柄圣剑和一面圣旗，还有她对自己使命坚定不移的信念，为法国的军队注入了国王和大臣都无法提供的热情。正是她的热情，为前进的道路扫清了障碍。

她受到邀请后，给观众做了一次演讲，原本计划讲40分钟，后来却足足讲了2个小时。演讲结束时，在场1万多名观众起立鼓掌，掌声经久不息。

自我意识——精神上独立才能战胜依赖

虽然人不是一台力量巨大、程序复杂的机器，但从某种意义上来说，人的内心却又像一台威力无比的机器在等待着你发号施令。只要你发现了它，认识了它，那么它便能为你提供强大的、源源不断的成功的动力，这便是自我意识。

其实，一个人内心蕴藏的力量是巨大的，这种力量足以帮助你走向成功。但遗憾的是，很多人并没有意识到这些，而认为自己一无所长，做什么都不会成功，这其实是不正确的。只要能重新认识自我、发现自我，相信自己的能力，那么就一定会取得成功。

有一个盲人，小时候深为自己的缺陷而烦恼沮丧，认定这是老天在惩罚他，自己这一辈子算完了。后来一位老师开导他说："世界上每个人都是被上帝咬过一口的苹果，都是有缺陷的人。有的人缺陷比较大，是因为上帝特别喜爱他的芬芳。"他很受鼓舞，从此把失明看作上帝的钟爱，并振作起来开始向命运挑战。若干年后，他成为一位著名的盲人推拿师，为许多人解除了病痛。

把人生缺陷看成"被上帝咬过一口的苹果"，虽然有点自我安慰的阿Q精神，但却体现出一种积极心理。发现自身的优点，把自己看成是一个了不起的人，不气馁，不退缩，并坚信自己可以做得更好，才能充分实现自我人生价值。

世界文化史上有著名的三大怪杰，他们一个是瞎子，一个是聋子，还有一个是哑巴。他们三位就是成功地利用了自我意识而成为世界闻名的杰出人物：英国伟大诗人弥尔顿，最杰出的诗作是在双目失明后完成的；德国伟大音乐家贝多芬，最杰出的乐章是在听力丧失以后创作的；世界级小提琴家帕格尼尼，是个用苦难的琴弦把天分演奏到极致的奇人。

帕格尼尼，4岁时出麻疹，险些丧命；7岁时患肺炎，又几近夭折；46岁时牙齿全部掉光；47岁时视力急剧下降，几近失明；50岁时又成了哑巴。可是让我们震撼的是，他却成了一名天才的小提琴家。帕格尼尼永远不相信命运，不屈服于挫折。他坚信，只要自己活着，就具有一定的价值，甚至可以创造出和正常人一样的辉煌。果然，他做到了，追求成功的信念让他成为举世闻名的音乐巨匠。

由此可见，自我意识是一种完全控制一个人实现目标的能力，也就是认识自我，并在内心塑造出一个自我走向成功的形象。那么，人就能在这种意识的支配下逐步走向成功。

每个人的内心都有一幅自己描绘的精神蓝图，对你的意识而言，这幅图可能模糊不清、朦朦胧胧。其实，人的意识甚至根本无法辨认出它。但它的确就在那里，完完全全、纤毫毕现。这个自我意象就是你自己对“我是什么样的人”的看法，它是以你的自我看法为基础形成的。这些关于自己的看法，大多数都是根据你过去的经历、成与败、荣与辱以及别人对你的评价而无意识地形成的。根据这些看法，你便从心理层面上构建了一个“自我”。

具体来说，你的一切行动、感受、举止甚至才能，始终都与自我意识相符。简单地说，你认为自己是什么样的人，就会“按照这一类人的特点去行动”。更重要的是，你根本无法改变这种行为模式，哪怕有意识地努力也无济于事。所以说，在日常生活中，我们应该给自己创建正确的自我意识。自我意识会控制你能做哪些事，不能做哪些事；哪些事对你来说很难，哪些事对你来说很容易。那么，生活中的我们应该如何改变自我意象呢?

1. 在内心描绘理想的自我形象

也许我们小时候都有崇拜的偶像，幻想着自己有一天也要成为那样的人。只是随着年龄的增长，我们越来越实际了，而这种趋向实际就把我们成功的潜力扼杀了。如果你还想取得成功，那么就把自己想象成一个成功的人，可以参照名人、伟人，当然也可以独创一个你心目中的理想形象。

2. 一步一步去实现这个形象

当你在内心描绘出了理想的自我形象后，每天都要想一遍，或者没事的时候就想想。只要这个形象在你头脑里根深蒂固了，它就会在潜移默化中影响你，使你不自觉地按这种标准去做，从而引导你逐渐走向成功。

时间管理——消除恐惧和懒散心理

“抖落落，抖落落，寒风冻死我，明天就垒窝。”一只寒号鸟在寒夜里哀鸣。

第二天，太阳出来了，万物苏醒了。大地沐浴在阳光中，寒号鸟好不惬意，完全忘记了昨天晚上的痛苦，又快乐地唱起歌来。

有的鸟儿劝它：“快垒窝吧！不然晚上又要发抖了。”

寒号鸟嘲笑地说：“不会享受的家伙。”

夜晚又来临了，寒号鸟又重复着昨天晚上一样的故事。就这样重复了几个晚上，大雪忽然降临，鸟儿们奇怪寒号鸟怎么不发出叫声了呢，太阳一出来，大家纷纷寻找，原来寒号鸟早已被冻死了。

这虽是一则寓言，但它的确讲明了在人的一生中，“今天”是多么重要。总寄希望于明天的人，是一事无成的人，到了明天，后天也就成了明天。正如我国古代的《明日歌》：“明日复明日，明日何其多，日日待明日，万事成蹉跎。”你把今天的事情推到明天，明天你又把事情推到后天，一而再，再而三，事情永远没完。只有那些懂得如何利用“今天”的人，才会在“今天”创造成功事业的奠基石，孕育明天的希望。

时间包括几个部分：“过去”是已经逝去的时间；“未来”是尚未到来的时间；“现在”是现实的时间，就在眼前的时间。应该说，“现在”这个部分的时间是最宝贵、最重要的，因为“无限的过去都以现在为归宿，无限的未来都以现在为渊源”。过去是现在发展的基础，现在又是向将来发展的起点，如果把握不住现在，将来更无从谈起。谁放弃了现在，便为葬送将来开了个头。现在的重要性还在于它最容易丧失，所以倍觉它的可贵。俄国文学家赫尔岑认为，时间中没有过去和将来，只有现实的现在。一个现在过去了，另一个现在立即到来，时间也可以说是许多个现在的整体集合。只有抓住了一个一个的现在，才可以积攒成一天、一月、一年……所以，从这个意义上说，现在是成就万事的里程碑。无论什么人，只有抓住现在，才能有辉煌的过去和灿烂的未来。

我们应该严格要求自己，不要放任自己无所事事地打发时光；不要让惰性爬出来咬噬我们的斗志。我们要学会调节自己的情绪，不管是处于一种什么样的心境，都要迫使自己去努力工作。

一个人在工作上、生活上的惰性，最初的症状之一就是他的理想与抱负在不知不觉中日渐淡漠和萎缩。对于每一个渴望成功的人来说，养成时刻检查自己的抱负，并永远保持高昂的斗志是至关重要的。要知道，一切成功取决于我们的远大志向。一个人如果胸无大志，游戏人生，那就是非常危险的。更危险的是，一旦我们停止使用我们的肌肉和大脑，一些本来具备的生理优势和能力也会在年深日久之后开始生疏、退化，最终离我们而去。如果我们不能不断地给自己的抱负加油，不能通过反复的实践来强化自己的能力，不彻底铲除隐藏在心底的惰性，那么成功就会离我们异常遥远。

在我们周围的人群中，由于没有克服惰性，最后理想破灭、丧失斗志的人数不胜数。尽管他们外表看来与常人无异，但实际上曾经一度在他们心中燃烧的热情之火已经渐渐地熄灭，取而代之的是无边无际的黑暗人生。

对于任何人来说，不管他现在的处境多么恶劣，或者先天条件多么糟糕，只要有耐心和毅力，只要他能够保持高昂的斗志，热情之火不灭，那么他就大有希望。但是，如果他任由惰性蔓延，变得颓废消极，心如死灰，那么他人生的锋芒和锐气也就消失殆尽了。在我们的生活中，最大的挑战就是如何克服自己心底的惰性，持久地保持高昂的斗志，让渴望成功的炽热火焰永远燃烧。

每一个人都有无限的可能和无限的力量，在这个世界上能成功的人，其实都是懂得把握时间的人。因为只要每天都有一点点成功，事实上累积起来就是自己的“大成功”。每天只需要求自己进步一点，一年三百六十五天，你就会发现自己已经超越了以前的自己。提高时间的使用效率有以下几种方式：

1. 一开始就把事情做对

在这讲求效率的时代，不先做出计划就匆匆动手的人，在未行动之前，可能已经注定了自己行动的失败。

2. 保持最佳情绪

良好的情绪是人机体的润滑剂，它不仅可以促进身体健康，给人以充沛精力，还能使自己的工作效率倍增。

3. 学会适当休闲

有的人很珍惜时间，但也总觉得没有时间。富兰克林曾精辟地说过这么一句话：“成功与失败的分水岭可以用五个字来表达——我没有时间。”这是庸人们的一个借口，一个普遍的借口。在当今这个生活节奏日益加快的年代，人们似乎每天都没有充裕的时间去做完想做的事，所以有许多念头就此打消了。但仍有部分人以坚定的意志，坚持每天至少挤出 1 小时来休闲。事实上，往往越是效率高的人，越能挤出这 1 小时来。

4. 利用最佳时间

一个人在一天的 24 个小时中，各个时段的精力各不相同，而不同的人又有差别。所以要从自己的具体情况出发，根据自己“最佳时间”出现的规律，尽量将高质量的“时能”提供给最重要的需求，最大限度地开发和利用“时间能源”。

职场篇

心理学让你在职场如鱼得水

蓝柏格定理——适当的压力是最好的动力

蓝柏格定理是由美国银行家路易斯·B. 蓝柏格提出的，其含义是“为员工制造必要的危机感”。没有压力便没有动力，压力只有在能承受它的人那里才会化为动力。常言道：“井无压力不出油，人无压力轻飘飘。”要做事总会有压力，有时，压力犹如泰山压顶，但会做事的人总会把压力化成动力。对于一个成功者来说，压力越大，动力越大。但压力只有在能承受它的人那里才会化为动力。

有一天，某个农夫的一头驴子不小心掉进一口枯井里，农夫绞尽脑汁想救出驴子，但几个小时过去了，驴子还是在井里痛苦地哀嚎着。最后，这位农夫决定放弃。于是他便请来左邻右舍帮忙一起将井中的驴子埋了，以免除它的痛苦。农夫的邻居们人手一把铲子，开始将泥土铲进枯井中。当这头驴子了解到自己的处境时，刚开始哭得很凄惨。但出人意料的是，一会儿之后这头驴子就安静下来了。农夫好奇地探头往井底一看，出现在眼前的景象令他大吃一惊：

当铲进井里的泥土落在驴子的背部时，驴子的反应令人称奇——它将泥土抖落在一旁，然后站到铲进的泥土堆上面。就这样，驴子将大家铲在它身上的泥土全数抖落在井底，然后再站上去。很快地，这只驴子便上升到了井口，然后在众人惊讶的表情中快步地跑开了。

就如驴子的情况，在生命的旅程中，有时候我们难免会陷入“枯井”里，会有各式各样的“泥沙”倾倒在我们身上，而想要从这些“枯井”中脱困的秘诀就是：将“泥沙”抖落掉，然后站到上面去。

在日常生活中，我们经常听到朋友说：“我压力太大了，我快崩溃了，我受不了了！”为什么会这样呢？真的是压力过大吗？还是因为没有很好的控制压力的能力？虽然说压力有时候会激发出我们的潜能，促使我们高效完成既定目标，但是这有一个前提，那就是不要让压力使得自己喘不过气，而是把压力控制在自己所能承受的范围之内。

阿拉伯有一位著名的驯马师，他驯出来的马甚至被称为神马。于是，人们也尊敬地称这位驯马师为“马神”。每天早上，驯马师指挥着一群马绕圈子跑，其中有雄健的大马，也有很小的幼马。驯马师的助手则在一旁呵斥着马，一边抓着马鞍左右跳跃，看起来活像马戏团的特技表演。到了中午，沙漠的太阳正毒，驯马师却和他的助手骑马向沙漠深处奔去。到了下午，当他们返回时，人们才发现他们每人手上都拿着一把弯刀，仿佛出征归来的样子。

“你为什么要叫许多马绕圈子呢？”有人问驯马师。

驯马师说：“因为我教那些小马跟在大马身后，学习听口令和服从。没有大马的带领，小马是很难教的。如果我是老师，大马就是家长，我在学校教导，父母在家中带领，任何一方都不能少。”“那你的助手为什么要抓着马鞍左右跳跃呢？”“那是教马学会均衡，维持稳定。”驯马师回答说。“至于中午的时候骑马出去，”驯马师接着说，“是因为中午天气最为炎热，让马在一望无际、其热如焚的沙漠里奔跑，这是一种磨炼，让它们知道如果不跑的话，就永远不会走出这片沙漠。只有经得起这样的磨炼才能成为千里马。而弯刀，是我们故意舞给马看的，用闪烁刀光刺激马的眼睛，发出强烈的声响，只有经历这种场面还能够表现镇定自若的，才能成为最好的战马。”

动力是由压力产生的，如果一个人试图逃避压力，那么他就会失去前进的动力。当然，这种压力必须是适度的，不能过大，如果压力大到超出自身承受的最大限度，那不仅无法获得继续前进的动力，而且还会使人在巨大的压力面前丧失信心，甚至一蹶不振。压力适度，不但是行动的最好保障，而且往往能把潜能发挥到极点，创造出令人震惊的奇迹。可以说，适度的压力是潜能之母，适度的压力能够使人产生充足的动力。

企业的生存和持续发展需要适度压力的推动，个人事业的成长和进步同样如此，对于竞争日益激烈的现代企业员工来说更是如此。正是因为有了竞争的压力、失业的压力、老板施加的压力以及生活的压力，企业员工才能更加主动地创造价值，才能更加热情地迎接挑战，才能更加完美地完成任务。

适度的压力确实是推进个人事业和公司整体事业以及促进整个社会发展的必要条件，正如创造学之父奥斯本说：“多数有创造力的人，其实都是在期限的逼迫下从事工作的……决定了期限，就会产生对失败的恐惧感。因此，工作时加上情感的力量，会使得工作更加完美……谁被逼到角落里，谁就会有出奇的想象。”对于这一点，很多人都深有体会。比如，有时候一件任务拖了很长时间都没有完成，心里很着急，但就是不愿意静下心来做，而且似乎也找不到合适的工作办法。后来却发现每当自己被上司催促，或者在上司规定完成任务的时间非常迫近的情况下，就容易找到解决问题的办法，而且通常在这种时候工作完成得又快又好。所以，人们在接受一件任务之后不妨给自己规定一个工作期限，这可能也正是公司的部门经理或企业老板在给下属布置任务时通常都规定一个完成期限的原因。而那些办事效率高、工作业绩出色的优秀员工往往会把完成期限较上级规定的提前一段时间，于是在时间的压力下，他们总是能做得比其他同事更好。

杜绝消极心理——热情是职场成功的保证

爱默生说过，一个人，当他全身心地投入到自己的工作之中并取得成绩时，他将是快乐而放松的。但是，如果情况相反的话，他的生活则平淡无奇，甚至可能不得安宁。

热情而投入地工作与机械而呆板地工作是完全不同的两个天地。用充满激情的心态去面对自己所从事的工作，就能够准确掌控自己的时间，为公司创造出非同一般的效益；机械而呆板地工作会降低自己的工作效率，逐渐地会让人感到厌烦，最后只有离开公司。

一个人如果对自己所从事的工作感到厌倦，对工作失去了热情与兴趣，无法从工作中得到快乐，认为工作是一种苦差事，那么他很难在工作中取得成就。

曾有一个故事，讲的是三位砌砖工人的工作态度。

有人问："你们在做什么？"第一位砌砖工人回答："砌砖。"第二位砌砖工人回答："我在做每天10美元的工作，干完后我就可以回家了。"第三位砌砖工人回答："你问我？我在建造世界上最伟大的教堂！"

虽然这个故事没有讲明这三位砌砖工人的最终结局，但是我们完全能够想象得出在以后的岁月里，他们各自是怎样度过的。很可能，前两

春天般的温暖，秋天般的含蓄——既要体恤他人，又要懂得谦逊

从前，一个云南的盐商带着两头骡子运货。他们要穿过前面这座高大的山，才能抵达前方的小镇。主人似乎有些偏心，自己坐着一头骡子，却让另一头骡子驮着重重的盐。这时，这头驮盐的骡子累得直冒汗，气喘吁吁地对另一头骡子说："老哥啊，求你帮我分一点儿吧，我实在要垮了。"另一头骡子显得高高在上，瞥了它的同伴一眼道："呵呵，老弟，咱们分工不一样。你看，我也负责驮主人啊。"又走了一段山路，驮盐的骡子越走越慢了，它似乎用尽自己最后一点力气对驮主人的骡子说："求求你，再这样下去我就要死了！"驮主人的骡子轻盈地走开了，理也不理它的同伴。又行了不久，后面驮盐的骡子倒地身亡。主人见骡子已经没气儿了，就地把它的皮毛和肉割下来，连同那些货物一并压在另一头骡子的背上。快要到小镇时，这头骡子也被压个半死。它躺在地上，恍惚间看到主人磨刀霍霍向自己走来，心里十分后悔，当初怎么不帮一帮那头骡子啊……

这则寓言，给职场人士的启示就是，千万要学会换位思考，设身处地为同事想一想。无论你是一般的职员还是领导者，工作中的任何一个人都是你的"骡子"同伴。如果别人已经向你发出求助信号，你还坐视

不理，那最终受伤的肯定就是你自己。说到底，这也需要我们有一种双赢的思维，时刻敏锐体恤同事。

不过，体恤不光是行动上的事。有时候，我们把事情做好了，却因为不会做人而得罪了人。这也就是我们平时说的那种什么事都做了，但最终还落个不好的人。他们固然有春天般的温暖，但却少了秋天般的含蓄。

艾米在一家知名设计公司工作，她的个人能力很强，是公司的得力干将，由她主持策划的几个广告设计方案为公司带来了很大的效益，她自己也受益匪浅。久而久之，她渐渐不像一开始那样沉稳和踏实，变得张扬起来，觉得自己独挑大梁，公司里谁都不如她。同事做方案遇到无法解决的问题向她求助时，艾米一副恨铁不成钢的样子，一边提供解决方案，一边喋喋不休："怎么能这样做呢？你都工作这么长时间了还犯这种错。你早就应该找我的……"下属向她请教的时候，她大大咧咧地说："这个问题是这样的……这么简单的问题，你随便问一个人都可以。"后来，由于她的工作能力强，公司高层想要提拔她，可一到考核时，大家都说她不好共事，不愿到她手下做事，结果几年过去了，公司里资历最老、能力最强的艾米仍然是个小小的主管。

艾米能力强，也热心，公司里有人遇到问题都能帮忙解决，却因为过分张扬，不懂得低调、沉稳，白白失去了他人的好感，进而耽误了前程。现实生活中，像艾米这样的年轻员工并不少见，他们总爱展现自己的本领和才干，生怕别人不知道自己有多大能耐。虽说这个年代容不得你把自己的才华藏着掖着，但大摇大摆地展示自己的才华也未必是件好事。

我们往往为了一些蝇头小利而大打出手，最终弄得两败俱伤很难堪。

像许晴这样懂得让步，既能成人之美，又能赢得对方的好感。从长远来看，这种隐忍的大度更能为我们带来成功。

我们经常见到身边一些年轻同事，总爱展现自己的本领和才干，生怕别人不知道自己有多大能耐。虽然说这个年代容不得你把自己的才华藏着掖着，但到处炫耀未必是好事。

的确，在职场上的适当让步能使我们不那么锋芒毕露。尤其对很多刚刚进入职场的年轻人来说，千万不要以为“普天之家皆你妈”，人人都要宠着让着你。在家里，你做了什么好事，全家人都要表扬你，给你做好吃的，发大红包给你。可是，在公司里做了什么好事，不要去和领导抢功劳，这当然不是说你应该放弃自己的辛苦所得。你可以向你的上司汇报成绩，这样做既能表现你对上司的敬意，又能让其了解你做了些什么工作。不过，语言上一定要谦虚，把上司的作用含蓄地体现出来。要不然，你的上司就会感觉，这件事情虽然做好了，但根据你的描述，这次成功跟他一点儿关系也没有。

在工作中，冷若冰霜的人让人害怕，张牙舞爪的人令人讨厌。我们需要平衡二者，选择一个恰当的位置，既给人春天般的温暖，又给人秋天般的含蓄。

对同事的困难，一定要竭力帮助，否则最终必遭池鱼之殃。并且，还要懂得谦逊，到处炫耀自己的功劳，跟新人和前辈抢镜头，只会让自己变成一个讨人厌的小丑。

青蛙效应——要有危机感

有一个小和尚担任撞钟一职，半年下来觉得无聊至极，“做一天和尚撞一天钟”而已。有一天，住持宣布调他到后院劈柴挑水，原因是他不能胜任撞钟一职。小和尚很不服气地问：“我撞的钟难道不准时、不响亮？”老住持耐心地告诉他：“你撞的钟虽然很准时也很响亮，但钟声空泛、疲软，没有感召力。钟声是要唤醒沉迷的众生，因此，撞出的钟声不仅要洪亮，而且要圆润、浑厚、深沉、悠远。”

人们常用“做一天和尚撞一天钟”来批评那些工作中得过且过、无所事事的人。

之所以做一天和尚撞一天钟，还有一个原因是缺乏职业危机感。其实现代职场中，很多人像小和尚这样，做一天和尚撞一天钟，都是在熟悉的工作中浑浑噩噩，然后慢慢地强化了自己的钝感神经。他们没有动力，也没有激情去工作，而且也没有居安思危的想法，所以工作和前途逐渐走下坡路。长此以往，就很有可能像下面温水中的青蛙一样——等着“安乐死”。

19 世纪末，美国康奈尔大学曾进行过一次著名的“青蛙试验”。他们将一只青蛙放在煮沸的大锅里，青蛙立即触电般地蹿了出去。后来，人们又把它放在一个装满凉水的大锅里，任其自由游动。然后用小火慢慢加热，青蛙虽然可以感觉到外界温度的变化，却因懒惰而没有立即往外跳，直到后来热度难忍失去逃生能力而被煮熟。

科学家经过分析认为，这只青蛙第一次之所以能“逃离险境”，是因为它受到了沸水的剧烈刺激，于是便使出全部的力量跳了出来；第二次由于没有明显感觉到刺激，因此这只青蛙便失去了警惕，没有了危机意识，它觉得这一温度正适合。然而当它感觉到危机时，已经没有能力从水里逃出来了。

青蛙试验告诉我们，企业竞争环境的改变大多是渐热式的，如果管理者与员工对环境的变化没有疼痛的感觉，最后就会像这只青蛙一样，被煮熟、淘汰了仍不知道。

一个人就像一个公司，如果他陶醉在已有的“卓越”中，那么他就只会走下坡路。

在华为稳步成长，销售额达到220亿元，跃居中国IT业之首，全体员工士气高昂时，2000年底，任正非却突然抛出了“华为的冬天”一说，给行走在坦途上的全体华为员工敲响了警钟：

“公司所有员工是否考虑，如果有一天，公司销售额下滑、利润下滑甚至破产，我们怎么办？我们公司的太平时间长了，这也许就是我们的灾难。‘泰坦尼克号’也是在一片欢呼中出海的。

“十年来我天天思考的就是失败，对成功视而不见，也没有什么荣誉感、自豪感，而是危机感。也许就是这样才存活了十年。我们大家要一起来想，怎样才能活下去，也许才能存活得久一些。

“失败的一天一定会到来，大家要准备迎接，这是我从不动摇的看法，这是历史规律。

“而且我相信，这一天一定会到来。面对这样的未来，我们怎样来处理，我们是不是思考过？我们好多员工盲目自豪，盲目乐观，如果想过的人太少，也许就快来临了。居安思危，不是危言耸听。”

挫折、困苦成就了任正非，也深刻地影响了他的处世原则。他宁愿让自己以及华为员工们生活在危机感中，也不想让自己与员工放松警惕哪怕一刻钟。

华为不断强大时，任正非就已经考虑到居安思危，从这当中不难看出，华为为什么会在短时间内成就如此卓越的事业。

面对激烈的竞争，面对残酷的淘汰机制，任何一个企业管理者和员工都应该有危机感和忧患意识。

那么，我们到底要怎样避免职场中的“安乐死”呢？

其一，保持危机意识，给自己设定一个远大的目标。

每天，当太阳升起来的时候，非洲大草原上的动物们就开始奔跑了。

狮子告诉自己的孩子：“孩子，你必须跑得再快一点，再快一点，你要是跑不过最慢的羚羊，你就会活活地饿死。”在大草原的另外一端，羚羊妈妈也正在教育自己的孩子：“孩子，你必须跑得再快一点，再快一点，如果你不能比跑得最快的狮子还要快，那你就肯定会被它们吃掉。”

羚羊和狮子为了生存不得不在草原上狂奔，除了奔跑它们别无选择，危机感使它们无暇他顾，一心奔跑，比对手更快也是唯一的选择。由此可知，适当的危机感能使自己保持富有成效的工作状态，更专注于自己的工作，保持积极的态度。

每个人都应该时刻保持危机感和不满足感，因为今天的成功并不意味着明天的成功。你只有不断地保持自己的危机意识，设定远大的目标，才不会在生活中的各个方面的竞争中被打败；你只有时刻保持面临危机的心态，才能在危机真正到来时临危不乱。

其二，不断地学习，充分发挥自己的潜力。

这也是职业生涯中最为根本的一点，它应该贯穿于我们职业生涯的始终。科学家研究发现，一般人在一生中发挥的能力只不过是他全部潜能的 8%，还有 92% 都在沉睡。因此，人的一生是一个不断成长的过程，需要不断更新自己的能力，才能把自己的潜力发挥到最大。所以，永远不要沉溺于现状，别放弃在职业领域的探索，只有这样，你才会在新的领域里取得更大的成就。

未雨绸缪、居安思危，有危机意识是我们应该从中领悟的。在生活和工作上都是如此，逆水行舟，不进则退。回顾一下过去，当我们遇到挫折和困难时，常常能激发自己的潜能；可一旦趋向平静，便耽于安逸、享乐的生活，而不断遭遇失败。青蛙效应强调的便是“生于忧患，死于安乐”的道理。人天生是有惰性的，总愿意安于现状，不到迫不得已多半不愿意去改变已有的生活。殊不知，这种没有忧患意识的安逸感不仅让你忽略了周围环境的变化，更多的是让你失去了很多机会。

商场上可能有积极进取的常胜者，却不可能有故步自封、恃才傲物的常胜者。同样，管理者要善于创造危机，使员工时刻保持高度的警惕性。员工与企业同时拥有“危机意识”，员工才能不断进步，企业才能不断做大。

墨菲定律——如何处理工作中的失误

爱德华·墨菲是美国爱德华兹空军基地的上尉工程师。他曾参加美国空军于1949年进行的MX981试验。这个试验的目的是测定人类对加速度的承受极限。

其中有一个实验项目是将16个火箭加速度计悬空装置在受试者上方，当时有两种方法可以将加速度计固定在支架上，而不可思议的是，竟然有人有条不紊地将16个加速度计全部装在错误的位置。于是墨菲当时随便说了一句话："如果一件事情可能被弄糟，让他去做一定会弄糟。"这句话被那个受试者在几天后的记者招待会上引用。从此，这句话成为一个著名的论断，在世界各地迅速流传开来。

墨菲定律主要内容有四个方面：一、任何事都没有表面看起来那么简单；二、所有的事都会比你预计的时间长；三、会出错的事总会出错；四、如果你担心某种情况发生，那么它就更有可能发生。墨菲定律的根本内容是"凡是可能出错的事有很大概率会出错"，指的是任何一个事件，只要具有大于零的概率，就不能够假设它不会发生。随着时间的推移，墨菲定律被赋予了更多的含义。"如果坏事有可能发生，不管这种可能性有多小，它总会发生并引起最大可能的损失。"

你的口袋里有两把钥匙，一把是你房间的，一把是你的车钥匙，你想拿出车钥匙，可结果会是怎样？你往往拿出的是房间钥匙。

墨菲定律告诉我们，容易犯错误是我们人类无法避免的一个弱点，不管科技发展到什么程度，事故总是会在不经意间发生。所以，根据这一原理，我们可以未雨绸缪，只有这样，或许我们才能从容应对一切可能出现的麻烦。

2003 年，美国“哥伦比亚”号航天飞机即将返回地面的时候，在得克萨斯州中部地区上空出了事故，导致航天飞机上 6 名宇航员全部遇难，其中包括首位进入太空的以色列宇航员拉蒙。这一事故也印证了墨菲定律——这种复杂的系统出事是不可避免的，不是在今天，就是在明天。在发生事故之后，人们开始寻找事故原因，以争取下一次不再发生类似的事故。

灾祸的发生和中彩票的概率是一样的，虽然都很小，但如果平时不注意扫清死角，消除不安全的因素，那么事故爆发的概率就会累加起来，最后肯定会大爆发。

当我们认为一件事情没有任何漏洞的时候，墨菲定律会让我们体会到事情的不可捉摸性和多变性，这也使得我们在做事过程中要有更完善、更严密的谨慎态度。

一位管理学家去某地做演讲，地点是一个比较偏僻的度假村。当这位管理学家出了机场后，主办方开车来接他了。在路上，他发现后面总有一辆车跟踪他们，管理学家就问后面那辆车是什么车，主办方的人说那是他们自己的车，是为了防止管理学家爱坐的这辆车抛锚。

在会场演讲的时候，他发现有两个麦克风，管理学家就很好奇，主持会议的人说之所以为他准备两个麦克风是防止其中一个失灵。

当管理学家演讲完毕后，发现身后站着一个与众不同的人，管理学家就问他是不是也要发表演讲，那位先生很客气地说：“如果你没有来的话，我就得演讲了，但是现在不用了。”

工作中，在一件事情要出错之前，你必须先假设它肯定会出错，不要存有任何侥幸的心理，这样做完全可以把损失降到最低的程度。凡是可能会出现的错误都必然会出现，如果抱着侥幸的心理，那么当错误出现的时候，你就会手忙脚乱，不知所措。

出现错误后，懊悔是没有用的，我们必须学会制订各种预案，在事件的发展过程中不断调整，加以完善。做到未雨绸缪，才能在工作中掌握主动权。当意外发生时，能沉着应对，把一切的决定权掌握在自己手中，这样才是提高效率、提高成功率的最佳方法。

如果有的人在制订一个计划的时候，认为出现意外事件的概率是零，这样的计划应该说是不切实际的。我们只能说出现这种情况的概率很小，但这个很小的概率说不定就会在什么时候出现。

最后通牒效应——当日事当日毕

很多人的内心都有拖延心理，即在从事一项工作时，总觉得自己准备不足，能拖就拖。但在不能拖延的情况下，比如到了规定时间，基本上都能完成任务。

这种现象在心理学上被称为“最后通牒效应”。存在这种拖延心理的人会认为，把事情拖延到最后一刻，能够产生一种高压，在高压下我们的创造能力可以得到激发，可以产生更好的创意，把工作完成得更好。然而，工作是有时间限制的，一旦超过了工作的截止日期，就意味着工作失败了。我们知道，最后期限的英文“deadline”本就代表了这个期限会带来的恶果——越过这一“line（线）”，面临的就是“dead（死亡）”的威胁。虽然这是一种夸张的表达，但是项目经理却应该用这些“威胁”激发自己和项目成员在截止时间之前完成工作，而不是持续地拖延下去。

因此，每个人在工作时应该提前做好准备，为工作任务设定时间限制，尽力在最终期限之前完成任务。曾经看到过一个新闻，说是某个国家人时间观念极差，严重影响了政府和企业的运作。后来，政府不得不举办“全国校时仪式”，制定“守时日”，希望通过这个办法来培养国民守时的品质。我们可以从中受到启发，给自己定下一个“守时日”，这样就能够督促自己努力地工作。也许有的人会质疑很多事情无法控制，比如堵车等问题，严格要求准时并不合理。但是为什么赶飞机、赶火车的人很少迟到？因为飞机、火车不等人，所以人们会提前做好计划，力求在“最后期限”之前到达。

拖延还可能给我们带来无法挽回的后果。《高效能人士的七个习惯》一书的作者史蒂芬·柯维曾讲到自己这样一个经历：“几年前我曾经买过一项物质资产——电动割草机。我经常使用，却从不保养。前两季还没有问题，到第三季就出故障了。这时我才着手维修，可是已经太迟了，引擎只剩下不到一半的马力，可以说成了一堆废铁。如果我及早开始保养这项资产，那么现在还能享受它的产出——修剪平整的草皮。如今我必须花费更多时间与金钱来更换一部新机器，显然不符合效能原则。”

这样的例子在生活中其实很多。有时候，我们的牙齿出现了一个洞，我们懒得去看，或者借口工作太忙。可是时间长了，等你终于有时间去看时，却发现这颗牙的牙根已坏掉，只能拔掉。但是如果当初你及时地去看，这颗牙本是可以保住的。

这种拖延本身就包含着难以达成目标的意思，拖延甚至会对你的生活造成严重的干扰，以至于你几乎很少能够完成你所设定的目标。人们做事情都是为了追求快乐，逃避痛苦。为了避免拖延，我们可以问一问自己：超过期限，会给我们带来怎样的后果？我们是否能承担起这个后果？比如，收入上会遭到怎样的损失，在健康、人际关系上会付出怎样的代价？相反，如果及时地完成任务，我们将获得多少快乐？能多赚多少钱？少承受多少压力？等等。这样想，就是给自己下一个最后通牒，促使自己赶在期限前把事情做完。

工作拖延的问题，并非工作方法问题，也不是工作时间不够的问题，而是态度问题。不管目标是大是小，达成任何目标的唯一办法就是一步一步来，就像一句谚语讲的：“脚踏实地地一步一步来，生活就会一帆风顺。”把每天的工作分解成几个小的、明确的步骤，就像最终目标一样。瞄准这些阶段性的小目标，要比瞄准一个遥远的大目标更为清晰，所以也就更容易达成。将目标分解成几个小的步骤可以帮助你看清在完成任务时所面对的现实问题。同时，专注于每一个步骤，不要只想着到达终点，而要关注完成每一步中那些富有挑战性的过程，争取做到当日事当日毕。

华盛顿合作效应——避免三个和尚没水喝

一群蚂蚁发现食物，会将食物往各自的方向拖动。但往往每只蚂蚁都没少费劲，食物却纹丝不动或原地打转，这就是“华盛顿合作效应”。它源于美国心理学专家拉塔内和巴利发现的“旁观者效应”：一个人敷衍了事，两个人互相推诿，三个人永难成事，即中国人说的“三个和尚没水喝”。

团队合作是非常复杂和微妙的。假定每个人的能力都是 1，那 10 个人的合作结果有时会比 10 大得多，有时却可能比 1 还要小。如果每个人前进的方向各异，要么事半功倍，要么一事无成。捉过螃蟹的人都知道，一个浅浅的篓子就能装下许多螃蟹。因为一旦有一只螃蟹想往上爬，其他螃蟹就会钳住它，把它拽下来，最后的结果是一只也爬不出去。

1964 年 3 月，美国纽约市克尤公园发生了一起震惊全美的谋杀案。凌晨 3 点，一个年轻的酒吧女经理遭到凶手追杀，在凶手长达半个小时的作案过程中，受害者不停地呼救奔跑，有 38 户居民听到或看到了，但没有一个人出来制止，甚至没有一人拨打报警电话。事后，美国媒体同声谴责纽约人的异化与冷漠。

然而，巴利和拉塔内这两位年轻的心理学专家认为，对于旁观者的无动于衷，还有更好的解释。为了证明自己的假设，他们专门进行了一项试验。在试验中，他们邀请了72名不知真相的参与者，另外安排一个人假扮成癫痫病患者，让他们以一对一或四对一两种方式，相互间使用对讲机通话，保持远距离联系。结果表明，在交谈过程中，当假病人大呼救命时，一对一通话的那组有85%的人冲出工作间，去报告有人发病；而在四个人同时听到假病人呼救的那组，只有31%的人采取了行动。通过这项试验，克尤公园现象有了令人信服的社会心理学解释，两位心理学专家称之为“旁观者介入紧急事态的社会抑制”，即“旁观者效应”。也就是说，在出现紧急情况时，正是因为有其他目击者在场，旁观者可能更多的是在看其他观察者的反应，结果使得每一位旁观者都无动于衷。众多的旁观者分散了每个人应该负有的责任，最后谁都不负责任，于是合作不成功。

具体说来，当一个人从事某项工作时，由于不存在旁观者，自然由他一个人承担全部责任，虽然有点敷衍了事，但也还能勉强成事，所以一个和尚挑水喝。如果有两个人，虽然两个人都有责任，但是因为有一个旁观者在场，两个人都会犹豫不决，相互推诿，最后只好两个和尚抬水喝。如果有三个或三个以上的人，旁观者更多，情况就更加复杂，关系也更加微妙，彼此之间相互踢皮球，结果永无成事之日，最后三个和尚没水喝。

这就说明，当许多人共同从事某项工作时，虽然群体成员都有责任，但是群体的每一个成员都成了旁观者，彼此相互推诿，最后谁都不愿意承担责任，结果合作不成功，于是产生了华盛顿合作效应。除此之外，当群体一起完成一件工作时，群体中的成员每人所付出的努力会比个体在单独情况下完成任务时明显减少。所以，社会惰化作用明显减弱了群体工作效率。

天鹅、梭子鱼和虾一起拉车，它们三个使出浑身力气，干得十分卖力，但是无论如何努力，车还是原地不动。其实就力气而言，它们三个拉动这辆车是绰绰有余的，可是为什么车总是拉不动呢？原来，天鹅拉着车拼命往天上飞，虾拉着车一步步向后倒退，梭子鱼则朝着池塘把车向前推。它们谁也不想改变方向，车子自然就拉不动了。

这则寓言故事说明了组织内耗现象。组织内耗就是组织成员窝里斗，不仅耗费了组织的资源能量，降低了组织的运转效率，而且影响了组织的正常效能，损害了组织的整体效益。组织内耗与组织群体的规模紧密相关。一般认为，合作群体的成员越多，组织内耗就越严重。两个人之间只存在一种关系，三个人之间存在三种关系，四个人之间就会存在六种关系，以此类推，成员之间相互关系的数量呈几何级数增长。成员关系越复杂，组织内耗就越大。所以，一个人完成任务的主观能动性最高，内耗最少，因为他别无选择；两人合作完成一件任务时，就有可能互相推诿，内耗增加；人越多，内耗越大，群体的主观能动性也就越差。

那么如何在工作中避免这种效应呢？在多个人共同完成工作任务的情况下，为了避免旁观者效应，必须进行详细的职务设计，明确成员分工，落实成员责任，以确定每个人应该做什么、应该承担什么责任；然后对每个成员的努力程度和工作业绩进行单独考核，并将考核结果公开，让大家知道所有成员的努力程度，知道谁在敷衍了事、谁在互相推诿，从而督促员工各负其责、各司其职，防止团体中出现“旁观者”。

在三个和尚挑水的故事中，如果方丈对三个和尚进行明确分工，就能够避免“三个和尚没水喝”的现象。具体说来，为了避免华盛顿合作效应，方丈至少可以采用两种分工方案：一是要求三个和尚实行挑水“接力赛”。第一个和尚从河边挑到全程三分之一处停下来休息，第二个和尚继续挑三分之一的路程，再转给第三个和尚挑到庙里，然后空桶返回，再接着挑。这样，三个和尚各司其职，水缸很快就满了。二是对三个和尚挑水实行轮班制。方丈可以每天安排两个和尚挑水，每人挑一段路，第三个和尚休息，这样每个和尚都可以挑两天后休息一天；或者每天安排一个和尚挑水，另外两个和尚休息，这样每个和尚都可以干一天休息两天。

其次，要采取科学的激励机制，这样也可以有效预防华盛顿效应。同时，在开展工作时，要让团队中的每个人都清晰地了解工作的目标，加强团队成员的团结合作，避免组织内耗和社会惰化。

从另一个角度而言，华盛顿合作效应告诉我们团队合作的重要性，同在一间屋子里面工作，或在同一个项目共事的一群人，其特色在于将有才能的人聚集起来，并对一些可能不常见的问题提出创新的解决方法。对于没有解决的问题，团队内广泛的技能和广阔的知识面与个人的才能和知识面相比，具有绝对的优势。

齐加尼克效应——不做工作的俘虏

1888年，美国第23任总统竞选之日，候选人本杰明·哈里森（1833—1901）平静地等待最终的结果。他的票仓主要在印第安纳州。印第安纳州的竞选结果宣布时已经是晚上11点钟，一个朋友给他打电话祝贺，却被告知哈里森在此之前早已上床睡觉了。

第二天上午，那位朋友问他为什么睡这么早，哈里森解释说："熬夜并不能改变结果。如果我当选，我知道我前面的路会很难走。所以不管怎么说，休息好是明智的选择。"

在这篇小故事中，我们可以学到这样一点：休息是明智的选择，因为工作会带来压力。哈里森明白这一点，但他也许不知道自己所要对付的实际上是因工作压力所致的心理紧张状态。在心理学上，这种状态被称为"齐加尼克效应"，它源于法国心理学专家齐加尼克曾经做过的一次很有意义的试验。

他将自愿受试者分为两组，让他们去完成20项工作。其间，齐加尼克对一组受试者进行干预，使他们未能完成任务，而对另一组则让他们顺利完成全部工作。试验得到不同的结果。虽然所有受试者接受任务时都呈现一种紧张状态，但胜利完成任务者，紧张状态随之消失；而未能完成任务者，紧张状态持续存在，他们的思绪总是被那些未能完成的工作所困扰，心里的紧张难以消除。

齐加尼克效应实际上给了我们这样一个启示：一个人在接受一项工作时，就会产生一定的紧张心理，只有任务完成，紧张才会解除。如果任务没有完成，则紧张持续不变。

刚刚步入职场的张洁是个讲究完美主义的人，为了能尽快上手，在新的工作岗位上她可谓做足了功课，不仅上班时十分投入，下班之后，她也要花大量时间自学充电。她甚至用手机和两个闹钟提醒自己避免迟到；每次出门前，她至少要检查三遍自己的包来确定自己没有遗忘任何东西……当别人问起时，连她自己都笑言好像患上了强迫症。总之一句话，在她的周围是一个高度紧张的环境。

张洁某天接到了一项重要任务：要给总经理和一位外籍客户当翻译。原本那位外籍客户英语说得并不快，可是断句太长，张洁听着听着就有些精神紧张，大脑顿时一片空白，当对方示意她翻译时，一脸茫然的张洁根本开不了口。如此反复了几次后，总经理也是大为恼火："平时好好的，关键时刻你是怎么搞的？"

接到一个非常紧急的项目，遇到一项难度较高的工作，处理一个甚为关键的危急事件……人们时刻都有可能面对挑战。因此，不少人在工作的高压状态下都出现了"职场急性焦虑"的身心紧张症状。

紧张是现代社会的产物。实际上紧张是一种有效的反应方式，它使人们得以应付瞬息万变的社会情境。因此，紧张并不全是坏事，但是，持续的紧张状态则会扰乱机体内部的平衡甚至造成疾病。

当代科学技术的飞速发展和知识信息量的快速增加让脑力劳动者的工作节奏日趋紧张，心理负荷也日益加重。因为脑力劳动的特点是以大脑的积极思维为主，是持续而不间断的，一般情况下不受时间和空间的限制。因此，紧张也往往是持续存在的。

在平常的实际工作中，他们往往把几项工作重叠在一起完成，根本就没有时间单独完成一项工作，然后再去做另一项工作。对于他们来说，往往形式上是下班了，而实际上大脑根本就没有得到休息。比如，报刊的编辑人员在出刊之前，即使在八小时以外的时间里，仍然会不由自主地考虑组稿、编排等情况；搞项目攻关的科研人员，研究课题也会经常连绵不断地呈现在眼前……在医务人员、工程师、作家身上，这些类似的情况也经常出现。那些尚未解决的问题或未完成的工作会一直困扰着他们，就像影子一样。

有些疲劳是不能从休息中完全得到消除的，比如那些长期用脑过度、精神负担过重引起能量减少而产生的疲劳，这些疲劳时间久了就会形成一种疾病——神经衰弱症。这也是知识分子最常见的病症之一。

世界卫生组织提示：健康是一种身体、精神和交往上的完美状态，而不只是身体无病。根据这一定义，经过严格的统计学统计，人群中真正健康者（第一状态）和患病者（第二状态）不足 2/3，有 1/3 以上的人处在健康和患病之间的过渡状态，世界卫生组织称其为“第三状态”，国内常常称之为“亚健康”状态。因此，“亚健康”即是指人体介于健康与疾病之间的边缘状态，无器质性病变，但有功能性改变。如果“亚健康”状态处理得当，则身体可向健康转化；反之，则患病。

很明显，齐加尼克效应容易把人带入“亚健康”状态。那么，我们该怎样避免齐加尼克效应给我们带来的负面影响呢？

1. 生活规律，膳食合理

膳食合理包括有节制地饮食，不暴饮暴食，多摄取不同的维生素、矿物质和无机盐，合理进补。

2. 按时、充足的睡眠

不按时睡眠，很有可能会造成睡眠紊乱，而睡眠紊乱会使人体免疫力降低，容易感染疾病，那些睡眠不足的人通常就是流行病的受害者。要有好的睡眠，首先要按时，其次还要追求质量而非数量。睡眠质量不与睡眠时间成正比，而与睡眠深浅成正比。千万不要滥用镇静剂、安眠药等药物。

3. 培养业余爱好

脑力劳动者的业余爱好可作为转移大脑“兴奋灶”的一种积极的休息方式，有效地调节大脑的兴奋与抑制过程，进而消除疲劳、改善情绪，从紧张、乏味、无聊的小圈子中走出来，进入一个生机盎然的境界。业余爱好的内容是广泛的，诸如琴棋书画、养鸟养鱼、花卉盆景、写作、旅游、垂钓等。可根据自己的兴趣选择，适当“投资”，最好养成习惯，以缓解紧张感。

4. 讲究心理调节

既然压力是客观存在的，就应以积极的态度去对待它。将焦虑、烦恼等劣性情绪强行积郁在胸显然不妥。心情不好时，应尽量想办法宣泄或转移，如找知心朋友倾诉，一吐为快，或出去走走、看电影电视等。困难时要看到光明，失败时要多看自己的成绩，要有自信心。这样有利于理清思路，克服困难，走出逆境。

5. 养成体育锻炼的习惯

每天可安排一小时，根据自己的情况灵活掌握。体育锻炼对于脑力劳动者来说，既可放松身心，又能增强体质。

所以，我们既要热爱自己的工作，也要注意不要做工作的俘虏，关键时刻要学会放松，让自己有更好的精力投入工作。学会给自己放假——给自己一些空余的时间。疲软的状态下适当休息，精神饱满的状态下忘我工作。

答布效应——做好自己角色的“导演”

我们每一个人都不是纯生物性的个体，而是一个个活生生的社会的人。在社会的大舞台上，每个人都扮演着一定的角色。那么，我们每一个人所显现的角色行为，又是由什么所“导演”的呢?

研究认为，人类社会初期就有一种传统的习惯和禁律，被称为“答布”。“答布”是人类社会初期的一种生活规范。当时虽然还没有宗教、道德、法律等观念存在，但是人们在生活中已经混合这三种观念统一使用。史学家通称“答布”为“法律诞生前的公共的规范”。社会心理学专家分析，这是由于原始社会的科学文化水平很低，所以人们对于所谓的神怪或是污秽事物有一种禁忌心理，认为如果触犯禁忌，便要蒙受灾害，故而必须远远地躲避它们、畏敬它们，而由这种信念所形成的习俗，就是“答布”。同时，当时的文化发展水平也使人们初步认识到作为参加社会活动的个体，其行为必须服从于一定的法则、一定的行为规范，这便是“答布效应”的由来。现代社会的科学文化发展水平当然不是原始社会可以比拟的。现代社会所赖以维持的力量、现代人角色行为的“导演”，已经不是什么“答布”了。但是，从社会心理学的意义上来说，“答布效应”所揭示的角色行为由角色规范“导演”这一内涵，却是不会过时的。

社会心理学对人类行为（外显的和内潜的）研究的主要贡献之一，就在于阐明了一个社会如何使其成员的行为遵从社会现行的、适合一定阶级要求和需要的行为规范与道德准则，或是倡导其成员如何遵从本民族的文化规范。社会是规范的体系，任何一个社会都有一套约定俗成的行为规范，所有成员都必须遵守。从这个角度而言，只要我们不是把“答布效应”中的“答布”仅仅理解为原始社会里的“答布”，而是把它理解为角色行为的“导演”——角色规范，那么我们就可以说，答布效应在任何社会里都是客观存在的。

现代社会里的答布效应有狭义和广义之分。狭义的是指那些经过一定程序使之成为可见的条文，如各种法律政策规定、各类公约守则等等。广义的则是指那些不成文的东西，它们存在于人们的头脑中，通过舆论的形式表现出来，这就是风俗习惯、道德观念。这些东西虽然没有写进有关条文，但却渗透在每一个角色扮演者的心理和行为之中。上述明文规定和没有明文规定的行为准则总和，就是社会对每一个成员提出的要求，就是对所有角色扮演者表现角色行为的“总导演”。可见这些约定或俗成的行为规范，概括起来说，最集中地体现在法制和道德这两个方面。但它们又涉及生活的各个领域，内容和形式是相当广泛、多样的。

我们按照角色规范来导演自己的角色行为，这既是符合社会要求的手段，也是满足自己需要的过程。人的需要是指人对事物的欲望或要求。人的需要和动物的本能需要、条件反射式的需要不同，它不仅仅是简单的占有、拥有或片面的享受，而是使自己的生活活动置于意识控制之下。在人的需要动机结构中，有自尊和受到别人尊重的需要，有希望获得社会赞许、他人赞扬的需要。但是，这种需要是以社会能够提供尺度、以社会和他人需要的同样满足为前提的。每个人都在一定条件下受到社会对互相交往的个人的制约。因此，应该用社会允许的方式去满足自己的需要。只有不断地接受特定社会、特定历史背景和特定国情所灌输的价值体系，遵守行为规范和道德准则，才能引起人们的情绪反应与赞誉，从而获得需要的满足。事实反复证明，越是自觉地按照社会规范来导演自己的角色行为者，就越会得到社会的赞扬。这既满足了社会需要，同时也满足了个人的需要。如果个人认识不到这一客观规律，缺乏按社会规范导演角色行为的自觉性，为了满足背离社会规范的私欲而为所欲为，那就必然地要受到社会的惩罚。

答布效应的原理告诫我们要用角色规范来“导演”角色行为，这不仅表现为社会对每一个成员的总体要求必须在法制和道德的规范框架内活动，而且还反映在个体扮演某一具体角色时也要符合特殊的角色规范。这好比在舞台上演出，每一个演员都必须首先贯彻导演的总体要求，诸如台风要正、思想集中、听从安排等等；此外，你扮演的是旦角或者是武生或者是其他什么具体角色，还应该根据这一角色的特殊要求去唱、去做。这两方面的紧密结合才是角色行为的统一体。我们在社会的大舞台上扮演社会角色也是同样的道理。一方面，我们要遵守社会规范对所有社会角色扮演者的共同要求；另一方面，还要内化对某一种角色扮演的特殊规范。比如，你在家里已经扮演起年轻的爸爸角色，那你就应当懂得社会对家长角色的一些特殊要求，表现出教育好子女的角色行为。假如你是一位小学教师，那么你在各方面都应当符合为人师表的角色规范。如此等等，你都可以而且应当根据你的角色去思考、去行动，以使自己的角色行为既符合角色规范的普遍要求又落实了特殊要求。普遍性与特殊性的结合，共性与个性的体现，社会舞台上的角色扮演者不正是这样既阵营整齐，又多彩多姿的吗！

教子篇

心理学让教育不再纠结

鱼缸法则——“放纵”胜过强制

走进美国一家公司的纽约总部，首先映入眼帘的是办公室门口摆放的一个漂亮的鱼缸。鱼缸里十几条产自热带的杂交鱼开心地嬉戏着，它们长约三寸，脊背一片红色，头尤其大，长得很是漂亮。进进出出的人几乎都会因为这些美丽的鱼而驻足停留。

头大背红的小鱼们一直在鱼缸中鲜活地生长着，它们过得相当自在，时而游玩，时而小憩，吸引着众人欣赏的目光。两年过去了，小鱼们的个头似乎没有什么变化，依旧三寸来长，在小小的鱼缸里游刃有余地游来游去。

有一天，董事长顽皮的小儿子来找父亲，看到这些长相奇特的小鱼很是好奇，于是非常兴奋地试图去抓出一条来，慌乱中，鱼缸被他从桌子上推了下来，碎了一地。鱼缸里的水四处流溢，十几条热带鱼可怜巴巴地趴在地上苟延残喘。

人们急忙把它们捡起来，但是鱼缸碎了，把它们安置在哪里呢？人们四处张望，发现只有院子中的喷水泉可以成为它们暂时的容身之所，于是人们把那十几条鱼放了进去。两个月后，一个新的鱼缸被抬了回来。人们纷纷跑到喷水泉边捞那些漂亮的小鱼。十几条鱼都被捞起来了，但令他们非常惊讶的是，仅仅两个月的时间，那些小鱼竟然都由三寸来长长到了一尺长！

对于鱼的突然变大，人们七嘴八舌，有的说可能是因为喷水泉的水是活水，有利于鱼的生长；有的说喷水泉里可能含有某种矿物质，是它促进了鱼的生长；也有的说那些鱼可能是吃了什么特殊的食物。但无论如何，都有共同的前提，那就是喷水泉要比鱼缸大得多。

这就是“鱼缸法则”的由来。后来教育学家把这个法则引申到家庭教育当中。

孩子的成长需要自由的空间。自由就好像空气一样，是孩子成长所必要的养料，如果孩子缺乏自由，就会窒息而死。要想孩子成长得更快，父母就需要给孩子提供足够的自由空间，而不要限制孩子的自由，使孩子生活在一个小小的“鱼缸”中。

我国教育家陈鹤琴说过：“儿童有自己的思想，儿童有自己的力量，不让儿童自己去做他所能做的事情，不让儿童去想他所能想的事情，等于阻止了儿童身心的发展。”因此，明智的父母不要试图去控制孩子，尽量给孩子提供自由的空间，让孩子在自由的世界中去探索。那么，怎样才能给孩子提供一个足够自由的空间呢？非常重要的一点就是，家长不要剥夺孩子自由探索的权利。

一天，孩子们围成一圈，有说有笑。圈子中间放着一个水盆，盆里漂浮着许多有趣的玩具。有个刚刚两岁半的小男孩，他独自一人站在圈外，看得出，他充满了好奇。我饶有兴趣地在远处观察着他，他开始慢慢走近其他孩子，想挤进去，但他没有力气，怎么挤也挤不进去。于是他仍然站在圈外着急地看着周围，那张小脸上的表情非常有意思。

突然他的目光落在了不远处的一张小椅子上，显然，他想把椅子搬到这群孩子的后面，然后爬上这张椅子。他开始向椅子走去，脸上露出充满希望的神情。就在这时，老师突然走过去一把抓住了他，并把他举过其他孩子的头顶，让他看水盆，还说："来，可怜的小家伙，你也看看吧！"

小家伙虽然看到了那个水盆和漂浮物，可是他脸上原来的那种非常有趣的欢欣、探索和期望的表情，一下子消失得无影无踪，剩下的只是一种"相信别人会替他做事"的那种呆滞的表情。

这是意大利著名教育家蒙台梭利的一篇观察日记。

尽管这个小孩终于看到了漂浮的玩具，但他却丧失了体验成就感的机会。本来他可以通过自己的努力去克服障碍，体验实现自我价值的快乐，然而这个机会却被老师在无意中剥夺了。孩子在成长的道路上，必然要遇到许多新事物。面对这些新事物，孩子会主动去探索、尝试，因为通过不断的探索和尝试，他才会获得生活的体验，获得成功的体验。这是孩子的一种本能的"需要"。

美国心理学专家马斯洛提出："需要"是激励人的行为的直接原因和动力。每个人都有不同层次的需要，从生理的需要、安全的需要，到归属与爱的需要、尊重的需要，最高的是自我实现的需要。

有自我实现需要的人，总会竭尽所能，使自己更加完善和完美。自我实现意味着充分地、忘我地、集中精力全神贯注地体验生活。当他们实现了预定目标的时候，他们就会感受到一种巨大的欢乐和成就感。即使是很小的孩子，也有追求自我实现的需求。

如果父母过多地出于保护孩子的目的，而剥夺了孩子探索和尝试的权利，那么孩子就永远无法获得成功的体验，永远无法深刻地了解事物，永远无法追求自我实现，而且会变得越来越没有自信。

每个孩子在探索一件新事物的时候，都会有恐惧的心理，害怕自己做不好。这时，如果父母出于保护孩子的目的，说"算了，多危险，不要做了"，"小心点，你会伤害自己的"，"你不能做这个，太危险了"，那么，孩子想要探索的那种微弱的自信心一下子就会被赶跑。智慧的父母在孩子探索、尝试新事物的时候，会用赏识的眼睛去鼓励孩子，从而让孩子获得这种探索的机会。

我们鼓励孩子探索新事物，但是父母一定要教给孩子必要的防护方法和知识，比如，父母对孩子说："没事，来试试吧，但是要注意……"这样就可以防止孩子受到一些不必要的伤害。

孩子即使小，父母也应该给一些独立支配的时间，让他们在这些时间内做自己喜欢做的事情，不管是玩耍，还是睡觉，还是看书，还是发呆。孩子只有拥有自己的时间，才能够满足自我发展的需要，才会对父母的教育表示满意。

苏联教育家马卡连柯说过："你们那种最大限度的过问，会使儿子不能长大成为一个真正的人。他有时长大成为一个毫无主见的人，既不能作出任何的决定，又不能做任何的冒险和勇敢行为的人；而有时候适得其反，他服从，在某种程度上服从你们的压力。然而，奔腾着的、要求出路的力量有时爆发起来，结果演成家庭的乱事。'本来是一个好孩子，结果却成了这么一副样子。'"因此，明智的父母千万不要过多过问孩子的事情，给孩子一些自由，让孩子自己去长大。

许多父母希望孩子能够成为出色的人，但是，很少有父母真正考虑过孩子的特长和优点，按孩子的天性来培养孩子。他们往往凭自己的意愿为孩子设计将来，过早地为孩子定下发展的方向，硬逼着孩子朝着某一专业化的道路发展。

伊莎多拉·邓肯是现代舞的创始人，是对20世纪文化影响深远的人物之一。

邓肯出生在美国的圣弗朗西斯科，父亲是诗人，母亲是音乐教师。不幸的是，邓肯还在母亲怀里的时候，母亲便和父亲离婚了，四个孩子全由母亲一个人抚养。

为了养活一家人，母亲不得不整天奔波。而年幼的邓肯也背离了传统，自由地做着她喜欢的事情。幸运的是，邓肯的母亲并没有限制邓肯去跳那些在其他母亲看来有点不入流的舞蹈。

5 岁那年，邓肯被送到学校去上学。一年后，年仅 6 岁的邓肯就开始教其他小孩儿学习舞蹈，并获得了一定的收入。10 岁那年，邓肯正式在家里开办了舞蹈学校，开始了她的舞蹈教学生涯。从此，邓肯走上了舞蹈之路。

16 岁时，邓肯因为在纽约的剧院中演出而成名，她的舞蹈让人们看到了一种自然的表演，从此，邓肯拉开了现代舞的序幕。

伊莎多拉·邓肯这么评价自己的成功："我说算我运气，因为我所创造的舞蹈无非是表现自由，其灵感正是来自童年时代的放纵不羁、无拘无束的生活。我从来没有受到喋喋不休的'不许这''不许那'的严命制约。在我看来，这么多的'不许'，恰恰给儿童带来了苦难。"

美国教育家塞勒·塞维若说过："父母生养子女的目的，不该是把他们作为自己的延续，也不该把他们当作自己的影子，做宽容的父母，就要让孩子的一切只属于他们自己。"孩子喜欢做什么，就让孩子自由地去做，让孩子做真正的自己，而不是成为父母安排的傀儡。

期望效应——正向明示的心理力量

一位母亲在和女儿玩“摸高”游戏时发现，当女儿一次次努力向上蹦，而她总是故意把手略抬高一点儿让女儿够不着时，女儿的情绪明显地越来越沮丧。于是，她改变了做法，悄悄地把手放到女儿能够摸得着的高度上，结果女儿欢欣雀跃，玩兴大增。这件小事向我们提出了一个期望值的问题，只有那些适合儿童发展规律需要的期望，才能成为推动孩子成长进步的积极力量。

这就是心理学上所说的期望效应。期望是指主观上希望某一事件发生的心理状态，是一种与将来有关的动机。期望的结果是人的行动要达到的目的。由于期望的结果会带来需要的满足和情绪上的好感，因而促使人产生要达到目的的动机。期望对人有巨大的影响，积极的期望促使人们向好的方向发展，消极的期望则使人向坏的方向发展。

期望效应是一种具有普遍意义的心理学规律。父母要学会利用期望效应培养孩子。适度的期望会对孩子产生微妙的罗森塔尔效应，有利于孩子充分发挥自己的潜能，促进孩子向我们所希望的方向发展。但是，过高的期望有时会打击孩子的积极性。因此我们所设立的条件和目标应考虑孩子的具体条件及其本身的愿望，而不是过于热衷父母自身的愿望与利益。如果对孩子设置过高的期望与要求，当不能达到父母的要求时，孩子会产生强烈的受挫感，对自己的能力感到怀疑，进而从根本上动摇对自己的信心。

父母对子女的期望主要有两种。一种是社会角色的期望，如“望子成龙”“望女成凤”；另一种是性别角色的期望，希望女孩长得漂亮动人，希望男孩长得英俊潇洒。作为父母，应该如何正确运用期望效应来教育自己的孩子呢？

家长对孩子要有合理的期望，所谓合理的期望，就是在有指导的情况下，凭借成人的帮助和自己的努力可以达到的目标。期望过高，遇到困难太大，孩子会因受到挫折太多而丧失自信；期望过低，无助于激发孩子的内在潜能。所以，合理的期望应该符合孩子身心发展的特点。父母要充分了解孩子当前处于什么发展阶段，个性如何，兴趣所在以及能力高低，在此基础上提出适当的期望和要求。若父母仅仅是从理想主义出发，将自己的想法和希望丝毫不差地转嫁给孩子，或者要求孩子去填补父母的不足、去实现父母未能实现的梦想，往往会给孩子造成过重的心理负担，导致孩子畸形发展。

爱迪生曾经被他的班主任老师看成最“笨”的学生。但是，他的母亲却不那么认为，他母亲说，老师当着学生的面骂学生“笨”，这恰恰说明了老师自己的无能。正因为爱迪生的妈妈有此见解，所以就把爱迪生接回家。爱迪生的妈妈按照儿童的心理特点进行教育，并千方百计鼓励爱迪生多做各种各样的实验。爱迪生后来之所以能成为世界闻名的大科学家、大发明家，与他母亲的教育以及恰当地应用期望效应是分不开的。孩子的确有聪明与不聪明之分，智力的开发也有早有晚，当然，这跟遗传、环境、教育等各方面都有着十分密切的关系，但其实，聪明与不聪明是会互相转变的。有些孩子依仗自己有个能使小聪明的头脑，往往就放松了学习，甚至不好好学习，这样聪明的头脑就变成了一个“笨”的因素。有的家长一旦发现自己的孩子学习成绩上不去，不是细心地去寻找原因，想办法，而是一味埋怨自己的孩子“笨”。这恰恰是使孩子变

"笨"的一个重要原因。每一个孩子都有发展的潜力，我们不能因为孩子一时的问题放弃对他的期望和教育。

要给予孩子更多的表扬和鼓励，父母的期望和评价影响儿童自我效能感的形成。自我效能感是美国社会心理学专家班杜拉提出的概念，它是指人对自己是否具有胜任某种活动的能力的主观推测。他人的评价对儿童自我效能感的形成有很大的影响。对于幼儿和小学生来说，由于缺乏辨别和判断是非的能力，他们对事物的判断和评价是以成人的标准为标准的，包括对自己的评价也是如此。如果成人经常给予正面的表扬、鼓励和肯定的评价，儿童会逐渐树立自信心，觉得自己能行，从而产生胜任感，那么，对于成人良好的期望和要求也就容易接受，从而成为儿童的自我期望。反之，如果成人采取强制的方法，要儿童接受自己的要求，就会导致儿童产生反感的抗拒心理。成人经常对儿童进行贬低性的评价，像"笨猪""木头脑壳""傻子""你不行"这一类贬词会极大地损伤孩子的自尊和自我效能感。一个自信心缺乏、自卑感强的儿童不可能有良好的自我期望和远大的志向。

不要因失望放弃期望，成人的期望影响孩子自我期望的形成。美国心理学专家凯尔和赫尔赛对一组都是劳动阶级家庭出身的、都有足够智力水平上大学的、经济条件相当的男学生进行调查的结果发现，影响是否上大学的一个重要因素就是其父母双亲或其中之一明确期望他们上大学。希望上大学的男生中，有三分之二的父母明确地、有意识地对他们施加了压力。而不想上大学的则只有百分之九受到过这种压力。也就是说，不想上大学的男生中，其父母绝大多数没有明确期望孩子将来上大学。这说明成人对孩子自我期望的形成有重要的影响。

有些家长因孩子的学习状况不佳，即使费了一番功夫也不见效果，就对孩子的学习产生了失望情绪，随之而来的是训斥、埋怨甚至讽刺打骂。这是很不理智的，既改变不了孩子的现状，还会产生消极的影响。

因此，无论孩子在学习上出现什么样的挫折、反复，家长永远都要对孩子说："只要你认为自己确实尽力了，我们就接受任何结果。"同时，家长还要对孩子说："我们相信，你能行，你还有潜力，还能取得更好的成绩！"在家庭教育过程中，让孩子能够经常从父母的教育态度中感受到家长的心理预期，得到父母的尊重，孩子就会保持一种向上的力量；反之，如果过低地估计了孩子的能力，放弃了对孩子的期望，断定自己的孩子这也不行，那也不行，将来不会有出息，那便真会耽误孩子终身。作为家长，重要的在于引导，既不能撒手不管，也不能管住不放。

总之，家长的期望对子女的成长有巨大的影响。心理学的调查表明，家长期望水平越高，他们子女的智商和学习成绩相应也越高；反之亦然。这有力地表明，家长的期望是家庭教育中的一个不可忽视的重要因素。

标签效应——多去表扬和鼓励

著名的心理学专家克劳特曾做过这样一个实验：他要求一群参加实验者对慈善事业做捐献，然后根据他们是否有捐献，分别说成是“慈善的人”和“不慈善的人”。相应地，还有一些参加实验者则没有被下这样的结论。过了一段时间后，当再次要求这些人做捐献时，发现那些第一次捐献了并被说成是“慈善的人”比那些没有被下过结论的人捐献要多；而那些第一次被说成是“不慈善的人”比那些没有被下过结论的人捐献得要少。

上面这个实验说明，当一个人被贴上一种词语名称的标签时，他自己就会做出印象管理，使自己的行为与所贴的标签内容相一致。这种现象是贴上标签引起的，所以称之为“标签效应”。

由此推之，当一个孩子老被家长说成笨孩子，他肯定会对自己的能力产生怀疑，进而对自己失去信心；当一位员工被老板认为是某些方面能力不行，他也肯定会对自己这方面的能力产生怀疑，进而对自己失去信心，即使他有这方面的能力也不会再表现出来了。

心理学专家认为，之所以会出现标签效应，主要是因为“标签”具有决定性的导向作用，无论是好是坏，它对一个人个性意识的自我认同都有强烈的影响。给一个人贴标签，往往会使其向“标签”所预示的方向发展。

但是，如果贴的标签是不正面的、不积极的，那么被贴标签的人就可能朝着不正面、不积极的方向行动。可见，标签效应是明显的，它影响着人们的印象管理。在家庭中，由于家长的望子成龙、望女成凤的心理，对于孩子的教育常常出现操之过急的现象，孩子出现了一点小问题，就被放大，从而给孩子贴上了“黑标签”，这样一来，情况反而越来越严重。父母应该以此为戒，不要轻易对孩子做出负面评定，不要给孩子乱贴标签。否则的话，很容易使得孩子不自觉地趋向于划定的类别，限制他们心理的健康成长。

娜娜是个邋遢、不爱整洁的女生。为此父母不知道批评了她多少次，可是娜娜依然我行我素，房间乱得一塌糊涂，个人卫生也不讲究。为了帮助孩子改掉这个坏毛病，妈妈不知道费了多少口舌和心思，可都以失败告终。寒假的时候，娜娜的哥哥丁丁来到家里做客，丁丁虽然是男孩，但是却很爱收拾，每天都把房间收拾得干干净净。有一天吃饭的时候，妈妈特别表扬了丁丁，夸奖丁丁是个爱干净的好孩子，同时也鼓励娜娜：“娜娜，我相信你一定可以和丁丁哥哥一样，成为一个爱干净讲卫生的好孩子。”没想到这句话却起了很大的作用，整个寒假，在妈妈不断的激励下，原来那个邋遢的女孩像变了一个人一样，和丁丁一样爱整洁了。

俗话说，榜样的力量是无穷的，家长如果发现孩子在生活中有一些不良的习惯，不妨在生活中帮他树立一个榜样，并不断地正面引导和激励，久而久之，这些坏习惯就能在不知不觉中得到纠正了。

在家庭教育中，家长不要给孩子乱贴标签。也许有的家长会说，给孩子贴上负面的标签只是“激将法”，是想让他变得好一点而已，这样的观点似乎有一定的道理。心理学专家研究发现，在标签效应中，如果贴的标签不是正面的、积极的，那么被贴标签的人也可能由于觉得不公平而产生与所贴标签内容方向相反的行动，也就是说，“激将法”是可行的，但是，要负面的、消极的标签产生正面的效应需要两个条件：一是被贴标签者能够理解所贴标签是不是客观、公正的；二是被贴标签者的独立性要比较强。要知道，孩子毕竟是孩子，其年龄越小，对家长的说法越易于认同，也就是他并不容易分辨家长说的是不是客观、公正的。同时，正处于成长阶段的孩子，其独立性是有限的，即使觉得家长不公平，也不容易产生“你说我不成，我就做得更好给你看”的想法。家长不可轻易对孩子下负面结论，不要给孩子乱贴标签。否则会损害亲子关系，严重的还可能促使孩子向消极方面发展。同时，家长应该鼓励孩子给自己贴正面标签。这样的正面标签可以给孩子带来积极的暗示，能提高孩子的自信心，使孩子最终向着积极的方向前进。

钓鱼效应——激发孩子的好奇心

人们把一个人由于特定的内心强烈需求而产生的相应行为现象，称为“钓鱼效应”。这是因为在钓鱼时，人们总喜欢把鱼饵放到鱼的面前，让鱼产生特定的内心强烈需求，因为这是它最喜爱吃的东西，从而使鱼产生吃鱼饵的行为，结果上钩，因此，人们形象化地称它为钓鱼效应。把这一心理效应运用在家庭教育中，就是家长要激发孩子的好奇心，这是他们自我探索和成长的关键。

每个人都有好奇心，只是有的人好奇心特别强，有的人好奇心很弱。但有时候某些言行可以激发人的好奇心，让好奇心强的人更加好奇，让好奇心弱的人增强好奇。企业往往会利用人的好奇心，通过引起人们的注意来打开销路、销售产品。

那么，是什么原因使钓鱼效应发生作用的呢？据研究，主要有三个因素：

1. 能引起人们的好奇心

有了好奇心，人们便会把注意力集中于此，这对象便会得到清晰的反映。而引起人们好奇心的往往是与平常不一样的那些奇异、特殊刺激物，也就是说新颖的、异样的、特殊的刺激物，容易引起好奇心。

2. 可以激发人们内心的强烈需求

人们的行为产生与内心需要是密切相关的。美国的一位心理学专家指出：“人类的行动产生于内心的需求，因此，打动人最好的方法首先是引起对方内心的强烈需求。不论在商场、家庭、学校或者在政治上，想打动他人的人，要好好地记住这件事，能如此做的人会成功地得到全世界的支持，做不到的人即使要获得一个人的支持也没有办法。”可见，能否激发人们内心的强烈需求与能否产生钓鱼效应有直接的联系。

3. 有合适的诱饵

好奇心与内心需求的产生均与诱饵有关。如果没有诱饵，两者都不可能产生；如果诱饵不具有诱惑力，那与没有诱饵一样，也不可能引起好奇心和强烈的内心需求。因此，一定要精心选择符合人们需求的诱饵，否则钓鱼效应就不可能产生。

孩子对自己周围的事物不了解，便产生了好奇心，这是一种好现象。孩子有了好奇心，才会在好奇心的支配下去探索未知的事物。父母应该处处保护孩子的好奇心，必要时可以鼓励孩子去尝试。我们经常看到幼儿对什么事情都感兴趣，他会指着蓝天中飞翔的小鸟对着父母发问，会对水里游泳的鱼拍手叫好。父母带他上街，只要他能走了，他就会去走那只有 10 厘米宽的路沿石，碰到水洼，父母越是怕他湿了鞋，他却偏偏往水里走。这便是他的好奇心，引导他去探索自己还不明白的事物。好奇心是促使孩子学习、成长的良机。

达尔文 7 岁的时候便对收集生物标本、观察昆虫鸟兽十分感兴趣。物理学家麦克斯韦 6 岁的时候便对星星为什么会发光充满了好奇心。英国戏剧大师莎士比亚的成功，同样出自他对戏剧的浓厚兴趣以及对所热爱的戏剧强烈的求知欲。

有一次，一名演员病了，剧院的老板就让他去替补，莎士比亚听后异常兴奋，因为有强大的动力，所以才用了不到半天的时间，他就把台词全部背了下来，演得比那个演员还好。演了一段时间的戏之后，莎士比亚便开始尝试写剧本，这些剧本上演后很受观众欢迎。从此，他便开始了戏剧文学的创作生涯，并终于成为文艺复兴时期最伟大的戏剧作家。

孩子的这种好奇心和由此带来的探索行为是宝贵的，说明孩子的创造力在发展。如果父母不知道保护它，甚至打击它，便会把孩子的探索精神抹杀了，渐渐地他便心灰意冷，失去创造力，甚至使本来具有探索精神的孩子变得傻乎乎的。一些父母在遇到小孩向自己提出各种各样的问题时感到麻烦、费劲，而缺乏耐心，这是很愚蠢的行为。

我国著名的教育家陶行知先生曾碰到这样一件事：一位母亲告诉他说，她儿子很淘气，竟然把她一块好端端的金表拆坏了，为此这个母亲狠狠地打了儿子一顿。陶行知先生对这位母亲说："可惜呀，中国的爱迪生让你枪毙了。"陶行知先生的这番话确实道出了目前在家庭教育中，父母是怎样无意识地扼杀了孩子可贵的好奇心。著名科学家贝弗里奇曾说："科学家的好奇心通常表现为探索他所注意到的，但尚无令人满意解释的事物或其相互关系的认识。他们通常有一种愿望，要去寻找其间并无明显联系的大量资料背后的原理。这种强烈愿望可被视为成人型的或升华了的好奇心，所以好奇心是长久以来构成智慧的一项重要特征。"

我们有些父母不仅不爱护孩子的好奇心，反而认为孩子很无用，那么简单的东西都不明白。年轻的父母最好和孩子换位思考一下，自己在孩子这么大时，不是也认为什么都是新奇的吗？现在做了父亲和母亲，就忘了儿时那些幼稚的问题。所以，父母对孩子提出的问题要认真回答，孩子要动手做什么就让他去尝试，只要看着他不出危险即可。若是孩子因为满足好奇心而破坏了你的东西，也千万不要责备他。

罗森塔尔效应——暗示的神奇魔力

父母以积极的态度对待孩子，孩子就可能朝着积极的方向前进，相反，如果对孩子存在偏见，孩子就很可能朝着相反的方向发展。这种神奇的心理暗示就是罗森塔尔效应。

罗森塔尔是20世纪著名的心理学专家，1968年，他做了一项实验，研究老师的期望对学生成绩的影响。

这天，罗森塔尔和助手来到一所小学，声称要进行一个“未来发展趋势测验”。测验结束后，他们以赞赏的口吻将一份“最有发展前途者”的名单交给了校长和相关的老师，叮嘱他们务必保密，以免影响实验的正确性。其实他们撒了一个“权威性谎言”，因为名单上的学生是随机挑选的。

八个月后，奇迹出现了。凡是上了名单的学生，成绩都有了较大的进步，而且各方面都表现得很优秀。这部分学生在学习上有了明显的改善，这一点使得这些学生表现出了更强的学习能力和求知欲。

显然，罗森塔尔的“权威性谎言”发生了作用，因为这个谎言对老师产生了暗示，老师相信专家的结论，相信名单中的那些孩子很有前途，于是对他们寄予了更高的期望，投入了更多的热情，加倍地信任他们、鼓励他们。这份名单左右了老师对学生能力的评价，而老师又将自己的这一心理活动通过自己的情感、语言和行为传递给学生，使他们强烈地感受到了来自老师的关爱和期望，学生的自信心由此得到增强，因而比其他学生更努力，进步得更快。

这一效应表明，一个孩子能否成为天才，取决于家长和老师能否像对待天才一样爱他、教育他。表面上看来，这是一个简单的心理暗示。究其背后，却掩藏着深刻的道理。

很多事实都证明，人的能力、性格等的形成，相当一部分取决于周围环境和他人的期望。由于孩子的心智尚未成熟，心理控制能力较弱，受暗示性较强，所以容易被大人的期望所左右。他们很容易相信和接受别人的判断，会把外来的评价内化成为对自己的预期和判断。例如，孩子们凑在一起的时候，常常会议论：某科老师器重我、某科老师讨厌我……在这些孩子身上，很可能出现偏科的现象。相反，如果老师对学生寄予较高的期望，就会使学生加倍努力、克服困难，并取得好的成绩。

同样的道理，父母对孩子的期望态度一样也会影响孩子。如果父母认为孩子是“天才”，为了不辜负父母的期望，孩子就会全力以赴地去改变自己。相反，如果父母天天挑孩子的毛病，总把缺点拿出来说，就很容易让孩子在心中产生一种错觉：我不是好孩子，爸爸妈妈不喜欢我，我好不了了。在这种恶性循环中，便有了家长“说你行，你就行；说你不行，你就不行”的牢骚，有了孩子展翅欲飞却难以相信自己会飞的迷茫。因此，家长积极的期望和心理暗示对孩子非常重要。

积极的心理暗示带给孩子的是积极的认识和体验。与说理教育相比，暗示教育更能协调家长与孩子之间的关系，能避免说理教育给孩子带来的压抑感。暗示教育能使孩子在无形中拥有良好的道德认识、得体的行为举止以及坚强的情感意志。爱因斯坦的父母就是利用积极的心理暗示，促成了天才的诞生。

爱因斯坦小的时候，是一个被人看不起的学生。在爱因斯坦小学毕业时，他的校长对他父亲说：“您的孩子，将来从事什么职业都一样没出息。”

有一次，爱因斯坦的母亲带他到郊外玩。亲友家的孩子一个个活蹦乱跳，有的爬山，有的游泳，唯有爱因斯坦默默地坐在河边，凝视着湖面。这时，亲友们悄悄地走到他母亲身边，不安地问道：“小爱因斯坦为什么总是一个人对着湖面发呆？是不是有点抑郁啊？应该趁早带他到医院看看！”爱因斯坦的母亲十分自信地对他们讲：“我的儿子没有任何毛病，你们不了解，他不是在发呆，而是在沉思，在想问题，他将来一定是一位了不起的大学教授！”

从此，爱因斯坦时常拿妈妈的话来审视和鞭策自己，并不断地自我暗示：我是独一无二的！我会做得更好！

这就是爱因斯坦之所以成为爱因斯坦的原因。

积极的心理暗示会给孩子以积极的影响。教育孩子时切忌用消极的心理暗示，不要总是挑孩子的缺点、指责孩子的错误，否则会让孩子失去信心，丧失克服困难的勇气。

罗森塔尔效应应该如何应用在家庭教育中呢？

1. 给予恰如其分的鼓励

当孩子取得一些成绩时，哪怕有一丝进步，家长也要用自然而郑重的口吻来表扬他、鼓励他。当然，这种鼓励不应掺杂着包庇和纵容的成分。恰如其分的鼓励会形成一股克服困难的无形动力。比如，当孩子取得进步时，你可以奖励一支笔、一个文具盒，让他体验到努力是有回报的。

2. 妙用激将法

有的孩子很调皮，不爱学习，家长运用激将法希望他能有所改变，结果不但没有激起孩子的斗志，反而打击了孩子的自信，这是因为没有运用好激将法。比如，有的家长希望孩子学习成绩能更好，便会说：“你看人家隔壁的小刚就考了98分，你怎么才考了85分呀？”其实，家长们如果希望激将法发挥更大效果，不妨对孩子说：“你们学校有名的调皮大王这次都考了98分，我想你一定会做得比他更好！”

3. 利用暗示法

遇到孩子说谎时，你可以委婉而耐心地通过讲述有警示意义的事情来暗示、提示、诱导孩子讲出真话。同时，还可以采取另一种说法，如“你刚才说得很好，不过我觉得你好像还没讲完，你再想想，是不是还有什么没告诉我”。但切记，最好不要直接斥责孩子“你撒谎”“你骗人”，这样会损伤孩子的自尊心，使他更不愿意对你敞开心扉。

家长要想让自己的积极暗示能对孩子发挥作用，首先应该努力和孩子成为好朋友。你可以当着孩子的面扔掉“棍棒”，以朋友的姿态主动接近他，取得他的信任。一开始，孩子看着你一改往日“冷峻”的面孔，会以为你“暗藏杀机”或“先礼后兵”。但十天、一个月过去了，你若依然如故地表现出和蔼、善意的言行，他便会慢慢地相信你是真诚可信的，久而久之，你们便会成为“好朋友”。

超限效应——避免步入批评的误区

有的孩子把家长的批评当成耳边风，甚至屡教不改，有的时候你越批评他，他就越要犯同样的错误。孩子这种由于不耐烦而产生的逆反情绪在心理学中叫作“超限效应”。

所谓超限效应是指刺激过多、过强或作用时间过久，从而引起的心理极度不耐烦或逆反的心理现象。

生活中经常有这样的现象：家长三番五次地对孩子说“你要将你的屋子收拾干净”，可孩子却将家长的话当作耳边风，屋子杂乱依旧；一个妻子不知疲倦地提醒丈夫“你别抽烟了”，可丈夫依然“恶习”不改；一名销售人员一遍又一遍地宣传自己的产品，却让顾客感到不愉快和反感，最后反而不会购买产品……

为什么会出现这样的现象呢?

心理学专家经过研究后发现，人的机体在接受某种刺激过多的时候，会出现自然的逃避倾向。这是人类出于本能的一种自我保护性的心理反应。由于这个特征，人在受到外界刺激过多、过强或过久的情况下，就会极不耐烦或产生逆反情绪，即超限效应。

美国著名作家马克·吐温经历过这么一件事。有一次他在教堂听牧师演讲，最初，他觉得牧师讲得很好，使人感动，准备捐款。过了10分钟，牧师还没有讲完，他有些不耐烦了，决定只捐一些零钱。又过了10分钟，牧师还没有讲完，于是他决定一分钱也不捐。等到牧师终于结束了冗长的演讲开始募捐时，马克·吐温由于气愤，不仅未捐钱，还从盘子里偷了两枚硬币。

这就是超限效应。超限效应在家庭教育中也时常发生，例如，当孩子因为不用心而没考好时，父母会一次、两次、三次，甚至四次、五次地对一件事提出同样的批评，使孩子从内疚不安到不耐烦，最后反感、讨厌。被“逼急”了，就会出现“我偏要这样”的反抗心理和行为。实际上父母过分地叮嘱并不能起到预期的效果，反而会使孩子的神经细胞处于抑制状态，从而影响信息传递效果。所以，时间过长、内容过多，或教育方式单调重复等不良管教手段，均可引起孩子的超限效应。

还有一些父母，喜欢对孩子进行过多的大而空的说教。孩子即使认为父母的话在理，也由于在短时间内遭遇“集中轰炸”，而感到难以承受。这也是许多孩子爱顶嘴的原因。

为避免这种现象的发生，父母在对孩子进行家庭教育时应注意度。如果“过度”，则会产生越限效应；如果“不及”，又达不到教育的目的。掌握好分寸，做到“恰到好处”，才能使你的训导对孩子起到四两拨千斤的作用。

对孩子的批评不能重复，应对孩子“犯一次错，只批评一次”。没完没了的说教，往往会让孩子产生听觉疲劳，甚至让人极度反感，反而达不到说服的目的。

有一个十分贪玩的初中女孩，经常跟一群朋友泡在网吧，很晚才回家。母亲苦口婆心地劝告她，希望她能收敛一些，把心思放到学习上，可一点儿效果也没有。

有一天，这个女孩又和一帮孩子在网吧疯玩，直到夜里十二点才想起回家。她心想：这下糟了，肯定少不了一顿臭骂。女孩小心翼翼地敲了敲门，是父亲给她开的门，女孩低下了头，做好了挨骂的准备，可是让女孩意外的是，父亲一句也没骂她，只是神情黯然地说了一句："你太令我失望了！"然后转身走进了厨房，十分钟后，父亲从厨房端出一碗热乎乎的鸡汤，对女孩说："玩到这么晚，肯定还没吃晚饭吧？这是你妈妈煲的鸡汤，快趁热喝了吧！电饭锅里还有米饭。"父亲说完就走进了卧室。

看着父亲的背影和面前的这碗鸡汤，女孩心里很愧疚，她流下了悔恨的泪水。那天晚上女孩彻夜难眠。从那以后，她再也不晚归了，每天放了学就按时回家，学习也进步了很多。

案例中这位父亲言简意赅的批评不仅能避免孩子产生反感情绪，还留出了让孩子自我反思的空间，从而达到教育的目的。因此，在教育孩子时，如果非要再次批评，应该避免简单的重复，要换个角度，换种说法。这样，孩子的厌烦心理、逆反心理也会随之降低，才不会觉得同样的错误被"揪住不放"。

批评前先帮孩子冷静下来。当孩子犯错误的时候，如果你很激动，应先平静自己的情绪，再对他进行说服教育。如果孩子对你的批评感到委屈，你不要说"你再哭我就揍你"。正确的做法是让他宣泄，然后再抚摸着孩子的头部或者用温热的湿毛巾给孩子擦脸，帮助孩子慢慢冷静下来。

对孩子不要"有错必究"。孩子身心发展水平较低，认知能力、思维能力、自我控制能力等比较差，犯一些小错误是难免的。如果我们对孩子要求过于苛刻，认为孩子犯了错误就是品行或道德问题，凡事上纲上线，甚至不惜用谩骂、体罚纠错，势必造成负面效果，使孩子的心理受到创伤。

批评时要分场合。很多父母在家庭教育中，最容易犯的毛病就是不顾及孩子的自尊心，不管在什么场合，一旦孩子犯错，劈头盖脸就是一顿训斥。久而久之，会使孩子形成逆反心理。因此，在教育孩子的过程中，要采用疏导的方式，充分尊重孩子的自尊心。你在要求孩子做什么时，应说明理由；同样，在要求孩子不做什么时，也必须说明理由。千万不能摆出权威的架势，这样只会让他们的做法与你的愿望背道而驰。

讲道理要把握黄金三分钟。对孩子的说教态度要温和，语言要简明，指出改正错误的方法。根据儿童身心发展的特点，儿童违规时，讲道理最好控制在三分钟以内，最长不超过五分钟。

用心理制裁代替直接批评。当孩子犯了错误后，你可以使用心理制裁代替直接批评，比如冷处理，暂时不要责骂孩子，让孩子自己反思。这样会比严厉批评的效果更好。因为孩子做错了事或闯了祸，会产生一种内疚感或恐慌感，这两种心态纠结在一起，会让孩子产生强大的心理压力，这种压力会促使他反思和改正自己的错误。如果这个时候你对他加以严厉责备甚至痛打一顿，会让孩子原有的内疚感消失，孩子可能会想：我虽然犯了错误，但他们打了我一顿，互相抵消了，事情也就过去了。与体罚、物质刺激等不良教育手段相比较，心理制裁的教育方式更加有效。

有些父母在批评孩子时先用了赞扬的原则，但在赞扬后却使用“但是”来一个明显的转折。这容易让孩子产生反感，认为父母的表扬不真诚。对此，父母可以换“但是”为“如果”。比如，“你的学习成绩很不错，如果你能多团结同学，多关心别人，相信你会更受同学欢迎的”。这样的间接提醒，比“但是”后面的直接批评效果更好，孩子也更乐于接受。

示弱效应——有效增强孩子自信心

在生活中，大多数家长都会以一副高高在上的成人心态教育孩子。然而，很少有家长知道，适当地向孩子“示弱”，更能拉近你与孩子的心理距离，增进与孩子之间的交流。

示弱效应本是人际交往中的一种心理效应，多应用在各类组织中的领导与下属之间。它是指如果领导能够放下面子，向下级请教问题，便可以拉近与员工之间的距离，从而使上下级关系和睦，促进组织发展。

确实如此，示弱有时是一种武器。比如在战场上，可以麻痹敌人，达到出其不意、克敌制胜的效果；在商场上，可以树立自己儒雅谦让、诚实守信的儒商形象；甚至在唇枪舌剑的竞选中，示弱也可成为击败竞选对手的秘密武器，帮助竞选者树立坦荡诚恳的形象，赢得支持。

如果我们家长也掌握了示弱效应，放下架子向孩子请教，那就相当于掌握了家庭教育的一把利器。也许有的家长觉得不可取，认为如果家长向孩子示弱，那孩子会失去章法。其实不然，向孩子示弱，好处会有很多。

一是能增强孩子的自信心。在孩子的成长过程中，父母始终处于引导地位，在孩子心目中，父母是万能的，似乎没有什么能难倒父母。如果在必要的时候，父母恰当地向孩子示弱，会起到意想不到的效果。比如，你不妨向孩子求教一个你知道答案的问题。本来孩子对这个问题只懂皮毛，但只要你虚心去问，他会通过查资料、请教老师等办法来为你解答。当他告诉你的答案让你满意时，他同时也会收获很强的荣誉感，自信心也能有所提高。

二是能增强孩子的成就感。当孩子解答了你提出的问题后，他就会产生成就感。在成就感的影响下，孩子的自信心也会增加，处理问题的方法自然也就有了，这对孩子的一生都有很大的影响。

三是能增强孩子的成人感。在孩子心目中，大人几乎是无所不能的，如果他连大人提出的问题都解答了，他自然会有成人感。于是，孩子会一点点成熟起来，再也不是父母眼中的小不点儿了，什么事情他都会愿意与家长分享和分担。

当家长把示弱效应用于督促、指导孩子学习时，效果更佳。我们可以通过这一心理学技巧，轻松地改掉孩子学习上的坏习惯，激发孩子努力学习的动力和兴趣。

家长该如何妙用示弱效应呢？一位父亲向大家介绍了他的教育经验：

儿子已经上三年级了，可是他对学习好像一点儿也不感兴趣。每天晚上做完作业就看电视，或者玩游戏，根本不知道复习旧知识或者预习老师第二天要讲的内容。我看在眼里，急在心里。有一天，我想到了一个引导他学习的好办法。

晚饭后，我假装很着急地向全家人宣布了一个坏消息：我们单位要组织一次考试，不合格的要下岗，所以我要认真复习。这时，儿子很急切地问我："爸爸，你不是说你小时候学习挺棒的吗？"

"是呀，爸爸小时候学习很棒，可是现在你都将近10岁了，我估计连你现在三年级学的数学公式都想不起来了，我会做的题目还不如你多呢，你说我不下岗谁下岗呀？你帮爸爸想想办法吧！"

儿子听了以后思考了一下，说："那就这样，每天晚上我给你补课吧，反正三年级的内容我正在学。"

说做就做。那天儿子做完作业后，便拿出他的笔记本认真地给我讲课。为了更顺利地教我，儿子在给我讲之前都认真地复习了一遍，他的这股认真劲儿让我很高兴。

当然，在我准备“考试”的这段时间里，儿子的学习成绩也有很明显的改善。之后，孩子好像找到窍门似的对我说：“爸爸，原来认真复习学过的知识，成绩就可以提高呀！”正如我所预料的那样，从此儿子养成了课后复习的好习惯，而且还喜欢上了学习。

这就是示弱效应的功效。其实，确切来讲，当家长向孩子“求救”时，孩子心里一定会想：这些问题连爸爸妈妈都不会，我一定要好好表现，帮爸爸妈妈解决这些问题。这样，孩子就会得到一股无形的鼓励，从而会表现得更加出色。

和孩子一起解决问题。在孩子的学习过程中，如果家长一味“示强”，就会不利于孩子自信心的培养。比如，在面对孩子提出的问题时，我们不必马上给出答案。这个时候可以表现出对他钻研精神的赞许，并请孩子一起动手动脑，与孩子共同解决问题。当孩子面对思考问题上的不足时，不必急于指正，我们可以坦率地承认自己也犯过类似的错误，然后巧妙地指出孩子的错误，这对培养孩子的自信心有极大的帮助。

不要越俎代庖。如果我们处处给予孩子悉心指导，时时给出明确的要求与答案，时间长了，孩子就会像无头苍蝇，茫然不知所措。他们遇到问题时，往往不会去开动脑筋。所以，要想让孩子养成动脑的习惯，遇到问题时我们不妨示弱，让孩子自己去分析，在此基础上再教给孩子分析问题的方法、考虑问题的思路。经过长期的训练，孩子遇到问题后自然就知道该如何思考了。

示弱效应也需要有一定的方向性，示弱效应的一个最佳做法是：想锻炼孩子哪方面的能力，就在哪方面多示弱，请孩子帮你解决问题。比如你想让孩子养成爱做家务的习惯，不妨寻找种种“借口”让孩子分担一些力所能及的事，如“妈妈胳膊疼，把洗衣机里的衣服晒一下吧”“爸爸要迟到了，帮忙收拾一下垃圾吧”“你看妈妈忙得满头大汗，你可不可以帮妈妈去门口把牛奶取回来”等等。长期地按照此方法进行训练，孩子不用吩咐也会主动帮助家长做一些力所能及的事。

赫洛克效应——好孩子不是批评出来的

好孩子不是批评出来的，好孩子是科学地夸出来的。因此，赏识教育可以说是亲子教育的灵魂。

心理学专家赫洛克曾做过一个实验，他把参加实验者分成四组，让他们在四种不同的环境下完成任务。第一组为表扬组，每次工作后能得到表扬和鼓励；第二组为受训组，每次工作后将受到严厉训斥；第三组为被忽视组，不予评价，只让其静听其他两组受表扬和挨批评；第四组为控制组，让他们与前三组隔离，不予任何评价。结果工作成绩是：前三组均优于控制组，受表扬组和受训斥组明显优于被忽视组，而受表扬组的成绩不断上升，学习积极性高于受训组，受训组的成绩有一定的波动。这就是"赫洛克效应"，它是指对于工作结果及时给予评价，能强化工作动机，对工作起到促进作用。适当表扬的效果明显优于批评，而批评的效果比不予任何评价要好。

赫洛克效应用于家庭教育当中也同样有效。在教育孩子的过程中，赏识教育优于训斥教育。教育孩子时要多表扬，少训斥。在教育孩子的过程中，适度表扬的效果明显优于批评，而批评又比不予任何评价的效果好。我们在教育孩子的时候要善于运用表扬和批评，表扬和批评都要讲究一个度。

因此，我们在平时对孩子的教育过程中，要及时对孩子的学习和生活进行评价，对孩子多表扬、鼓励和信任，这样才能激发孩子的上进心。

同时，表扬要抓住时机、掌握分寸，不能夸大其词。对错误和问题的批评要及时、慎重，不能讥笑和嘲讽，要从理解和尊重出发，对症下药。要正确运用心理学知识，使表扬和惩罚都收到实效，同时还应注意奖惩之间的比例，从心理学的研究结果看，当奖惩的比例为 5 ： 1 时，往往效果最好。

知心姐姐卢勤说过这样一句话：“打开孩子的心灵有个秘诀，当你说他棒时，他就棒给你看；当你说他笨时，他就笨给你看。”在教育实践中，很多孩子就是在父母、教师的赏识鼓励下不断努力，最后获得成功的。因此，要做孩子的好妈妈，就要多关注孩子的闪光点，少“抑”多“扬”，少“贬”多“褒”，这就要求我们平时在教育中多竖“大拇指”，少伸“食指”。下面这位母亲的做法就值得我们学习：

一天，赵女士接到儿子小涛的班主任打来的电话。原来，老师邀请赵女士去学校参加家长会。家长会那天，老师在总结完每个孩子的在校表现后，就与家长们交换意见。当老师与赵女士谈起小涛时，说：“小涛有一个明显的缺点，就是每次上课只能坐得住 10 分钟。剩下的时间不是睡觉，就是和同学说话，严重扰乱了课堂秩序，各科老师都跟我告状。”赵女士听完老师的话后有点儿生气，甚至想当天晚上回家就把小涛臭骂一顿。但是赵女士经过反复思考，觉得骂孩子并不能起到多大作用，搞不好会让他产生逆反心理，认为老师在告他的状，那从此以后更不会好好学习了。于是，赵女士决定不将老师说的缺点直接告诉孩子，而是换个说法。

第二天，这位聪明的母亲告诉孩子：“昨天下午去你们学校开家长会，老师表扬你了，说你上课的时候以前只能坐住 5 分钟，现在你有进步了，能坐住 10 分钟，你一定要坚持，以后争取能坐住 15 分钟、20 分钟！”孩子听完后十分兴奋，因为受到了老师的表扬和妈妈的鼓励。从那天开始，每当小涛“坐不住”的时候都会想起妈妈对他说的那番话。于是，小涛慢慢学会了坚持45分钟。

这位家长的聪明之处就在于把孩子的“贬”科学地转换成“褒”，把消极因素转换成积极因素，达到了真正的教育目的。

家长对孩子要进行合理的赏识教育：

1. 夸奖要落到实处

孩子的心灵很脆弱，思维也很直接，不会去深层揣摩大人的话语。当我们对孩子进行赏识教育的时候一定要就事论事，切忌说一些不着边际的话。比如以前孩子很害怕小虫子，这次没有害怕虫子，这个时候你应该说“孩子，你很勇敢，今天都不害怕虫子了”，孩子就会感到非常开心，也会从心底喜欢你。如果这时候你说“孩子，你真了不起，你真是妈妈的好孩子”，这样的表扬会让孩子感到无所适从。所以夸奖孩子的时候要注意用词恰当，落到实处。

2. 赏识有度

任何事情都不能过度，超过了一定的度，效果就会适得其反。同样，赏识也要有度，也要遵循一定的原则。如果不管孩子是什么性格，对孩子一直是无原则地表扬，也就失去了赏识教育真正的意义，久而久之，孩子会变得任性，听不进任何批评建议。

3. 赏识有物

我们对孩子的赞扬，应该是他自身通过努力以后才获得的。比如，孩子原来不会自己穿衣服，今天他自己穿了，我们就要表扬他，让他有每天都这样做的兴致，直至形成习惯。再如，带着孩子出门，他能和别人有礼貌地打招呼，能把垃圾扔进垃圾桶，这也应得到我们对他的赞赏，在不断的赞赏中，孩子的这种美德也就形成了。原来吃饭要喊孩子许多遍，今天一叫就过来了，我们就要表扬他，让他知道今天的做法才是大家称赞的。不要管自己的孩子和别人的孩子有多少差距，只要他努力了、进步了，我们就要表扬他。我们可以利用这种赏识教育帮助孩子养成好的行为习惯。

家长还要注意，有些无关紧要的表扬与赞美是不需要的，因为它们只会增长孩子的虚荣心。我们很多人习惯称赞孩子聪明、漂亮。聪明和漂亮不是他用自己的努力获得的，是父母给的，是遗传的，所以这样的赞美也是无意义的。如果孩子能把头发梳得很好，能把衣服穿得很整洁，能自己整理自己的东西，这才真正值得我们赞美。

管理篇

心理学让管理更得心应手

木桶效应——管理者要善于取长补短

一个阳光灿烂的下午，德鲁克闲来无事，发现父亲制作家具剩下了一些木板，于是就想用这些木板做一个小木桶。

打定主意之后，德鲁克找来一些简单的工具。但是由于没有切割工具，他无法裁切，只好将那些长短不一的木板拼好钉在一起。

经过 3 个小时的努力，小木桶终于制作完成了，德鲁克开心地向小木桶里注水以检验其质量。但是在注水的时候他发现，由于小木桶有一块木板比其他的木板短，能盛下的水只能到这块短板的高度。

多年之后，德鲁克成为通用汽车公司的顾问，通过思考儿时制作木桶的经历，他发现决定企业成败的关键往往是劣势部分。后来，德鲁克提出了著名的木桶效应。

要想让一个木桶多盛水，我们必须保证每块木板的高度都相同。

一个企业就像一个大木桶，其竞争力如何，领导者不仅要看其优势部分，还要看其薄弱环节。随着市场竞争日益激烈，这些薄弱环节将会成为制约企业发展的瓶颈，甚至对企业的生存构成威胁。

在企业管理过程中，领导者要尽量避免短板型员工威胁到整体的发展。对此，领导者可以在企业内部建立竞争文化，让“不断学习，勇于竞争”的观念深入人心，从而避免“拖后腿”现象的发生。

对于短板型员工，领导者可以参考以下两种方法帮助其成长。一是提供学习机会以弥补不足。有的领导者由于各种各样的原因，不愿给员工提供学习进修的机会，或者只对没有经验的年轻员工进行培训，又或者不考虑员工的实际情况采取不合适的培训模式。由于员工得不到公平的对待，自然没有学习的动力，发生“拖后腿”现象在所难免。

二是巧妙地利用一些方法来激发员工的竞争意识。精神分析学派的代表维克多·弗兰克尔认为，人的天性是揭示自己生存的意义。领导者可以利用人的天性来激发员工的竞争意识。

查尔斯·施瓦斯是美国著名的企业家，他很善于利用人“好斗”的天性来激发员工的竞争意识。

查尔斯听说下属企业员工的工作业绩从未达标，不管经理使用什么方法，员工们仍是不思进取。查尔斯便亲自到下属企业处理这件事情。傍晚时分，查尔斯在企业内巡视，正好赶上员工交接班。他上前询问一位正要离开的员工今天的成果如何。

“今天我们炼了 5 炉钢。”这个员工说。于是查尔斯在公告栏上写了一个“5”便离开了。

第二天清晨，白班员工看到公告栏上的“5”变成了“6”，明白了夜班员工比他们多炼了 1 炉钢。白班员工认为这是夜班员工故意让他们难看，感到十分不甘心。于是，他们铆足干劲，到了下班时，炼了 8 炉钢。这在查尔斯到来之前是很难想象的。

从这以后，员工之间的竞争意识越来越强，产量也越来越高，最高日产量竟是之前的 3 倍。查尔斯用无声的语言激发了员工的竞争意识，从而让企业充满活力。

如果领导者在企业内部建立竞争文化，采用“优胜劣汰”这一自然法则，那么能力有所欠缺的短板型员工便会因为生存受到威胁而产生紧迫感和危机意识，从而主动寻求成长的途径。而原本优秀的员工则会不断追求自我价值的实现，以此获得心理和物质上的更大满足。这样一来，企业会在强者更强、弱者进步的良性循环中得以健康发展。企业要想建立一个高效的团队，就要重视每一个成员的素质与能力，重视对每个成员的培训，增加短板的长度。

同时，我们可以换一个角度看问题。尽力增长你的长板，然后再以最长板的底部为支点向外倾斜木桶——让长板和短板处在同一水平面上，是不是有可能盛到更多的水？极端的情况是，只要长板无限拉长，那么我们就可以把这只短板不变的木桶，倾斜成一片海洋。

在企业发展中，不是所有的经营环节对企业的利润贡献率都是一样的，利润往往集中产生于企业组织系统内部某些有竞争力的环节。找到和强化这些环节，配置最优秀的资源，形成相对竞争优势，从而产生更强大的盈利能力，这就是商业模式创新中的“长板原理”。在熟知“短板原理”的同时，每个企业家都应该认真审视和利用“长板原理”——在我们的企业经营中，哪些环节是真正对我们利润贡献较大的环节；哪些环节对公司的利润贡献很小甚至是没有利润贡献。找到你的长板，也就是找到你最有价值的运营环节。企业的经营需要扬长避短，打造我们的长板并倾斜我们的木桶，用最优秀的资源去优化最关键的经营环节，核实长板落地的每一个支持因素，最终形成相对竞争优势，铸造我们独特的、富有竞争力的商业模式和盈利模式。

平等交流——沟通管理的真谛

美国著名未来学家约翰·奈斯比特说："未来竞争将是管理的竞争，竞争的焦点在于每个社会组织内部成员之间及其与外部组织的有效沟通上。"

沟通是现代管理的一种有效工具，利用好你就会觉得管理企业非常轻松自如，但如果用不好或是根本不用，则会使你举步维艰。从某种程度上说，沟通是比某些知识能力更为重要的能力。

有效的沟通有助于企业文化的培养和发展，有助于上下级之间、同事之间的交流和理解，它对营造轻松、和谐的工作环境起着重要的作用。在生产经营的各个环节，各种形式的沟通必不可少。

一家跨国公司的董事长周五要来分公司参加例会，于是总经理嘱咐其秘书说："你帮我查一查我们在纽约设立的分公司有多少人，董事长这周五参加例会时可能会问到，希望准备得详细一点。"

于是这位秘书打电话告诉纽约分公司的秘书："请准备一份你们分公司所有工作人员的名单和档案，这是董事长要求的，我们在两天内要拿到。"

分公司的秘书又告诉其经理："董事长需要一份我们公司所有工作人员的名单和档案，需要在两天内送到。"结果第二天早晨，四大箱航空邮件送到了公司大楼。

不良的沟通经常会闹出很多笑话，如果一个企业缺乏沟通，同事之间、部门与部门之间、上下级之间就会产生隔阂，影响工作的正常开展。比如，一个小小的误差，很可能就会导致工作结果的巨大偏差。一桩小事会因沟通方式不当导致不可调和的矛盾，有时还会阻碍工作的进程，甚至给企业造成不必要的损失。可见，正确的沟通方式和良好的语言交流在我们的工作和人际交往中有多么重要。

微软公司非常重视企业内部的沟通。他们通过电子“便条”这种特殊的沟通方式来发现问题、反映问题。这种沟通不受层级关系的限制，随时随地可以与任何人进行工作联系，就算是一名最底层的员工也可给比尔·盖茨本人发电子便条。这是微软公司多年来的一个习惯。不仅如此，上级管理者收到便条后还必须立即回复。可以说，这也是微软公司企业文化的一个重要组成部分。

随着公司规模的扩大，盖茨开始建立一些200人以下的小团队组织，这样做的目的一方面可以保证工作质量，提高效率，另一方面就是便于团队内部的信息沟通。

盖茨没有因为公司的扩大而忽视管理层之间的“便条”沟通，反而更加重视。他要求领导必须生活在团队中，随时与队员保持“热线沟通”，不能延误。

沟通是现代管理学中必不可少的要素，是人与人之间传达思想感情和交流情报信息的桥梁。一个团队能否协同一致地向前发展，其前提和基础只有一个，那就是沟通，所以有人说：“沟通就是管理。”

我们需要不断提高沟通水平，因为它能帮助我们走得更稳、更快。

沟通不仅有利于提高工作效率，而且有利于激励员工的积极性，在企业建立起良好的人际关系和组织氛围。可以说管理成败的关键，很大程度上取决于沟通效果的好坏。因此，要实现成功的管理，一定要过好沟通这一关。

激励魔力——“胡萝卜”和“大棒”同在

赏与罚，都是领导者统御下属、使用人才的重要手段。孙武把“法令孰行”“赏罚分明”作为判明胜负的两个重要条件。曹操也说：“明君不官无功之臣，不赏不战之士。”赏罚分明是古今中外一切用人者的根本原则。

在国际政治关系中，赏与罚常常被比作胡萝卜和大棒。在管理学的范畴中，“胡萝卜”被引申为有效的赏识和激励机制。“大棒”指实施惩罚的威胁。身为领导要掌握好这两种手段，不仅要罚得合乎情理，还要用好“奖赏”这根“胡萝卜”。

从人的内心来讲，谁都不愿意被批评、被指责、被喷得狗血淋头，人们都希望被别人赞美、表扬、奖励。可实际工作中，很多领导明明看到了下属的成绩却很少表扬，他们觉得表扬和奖赏不利于员工的成长。其实，奖赏对下属的激励作用是非常大的，合理的奖赏不但能促进领导和下属之间的感情交流，还可以在一定程度上满足下属的荣誉感和较高层次的心理需求。

据一项调查，90% 的员工都非常珍视领导给予他们的“胡萝卜”，都非常尊敬鼓励他们成为自己所在行业精英的领导。对给予他们奖赏和鼓励的领导，他们往往会铭记在心，以更努力的工作去回报。给员工“胡萝卜”，可以充分体现领导的管理和做事能力，以及他的广博胸怀和超出常人的管理智慧。

身为领导一定要认识到这一点：员工都渴求这种奖赏机制的感应和刺激，自己的能力能否得到领导的认可，这关系到自己是否要跳槽——寻找自己能够得到赏识的更好的职场环境。所以，管理者必须运用好“胡萝卜”法宝，赏识下属，重用人才，努力使团队处于愉悦的工作环境中。

不幸的是，很多领导却做不到这一点，很少将代表着赏识和激励机制的“胡萝卜”放在心上。他们总是寄希望于有力的处罚手段来督促员工，却不能用奖赏的“胡萝卜”来喂饱下属，让他们吃饱了有力气干活。要想成为真正有效的管理者，必须真诚地对待员工，聆听员工的心声，鼓励员工，激发他们的潜能，让他们自愿地为你竭尽所能。

是不是这根“胡萝卜”越大越有效呢？是不是奖赏必然要加薪升职呢？虽然物质和名利上的奖励很有效，但更多的时候，我们还可以采用其他一些行之有效的方法去奖励下属，如随时随地表扬、适当关怀员工的个人生活、送特殊意义的礼物、把工作说得充满刺激和挑战等等。

但是，在激励员工的同时，也要用好“大棒”。

惩戒措施严不如宽，因为从宽的惩处易使员工感到内疚，可降低逃避抗拒心理，较易产生正向作用。如无充分理由而给予过严的惩处，弊多而利少。

惩戒的目的在于防止员工的违法失职行为，保证组织目标的顺利实现。员工行为不当，受到组织惩戒，表示其动机与行为受到了挫折，因而可能会对惩戒产生逃避或抗拒心理。如果员工受到惩戒后工作情绪低落，工作绩效更不如从前，则是逃避心理的表现；如果员工受惩戒后对管理人员表现出敌视态度，认为惩处不公而提出控诉，是抗拒心理的表现。

由于对员工的惩戒可能产生上述心理，所以要十分谨慎。

员工表现出不法或不当行为的原因与动机，有的是值得同情和可以原谅的，有的是令人非常气愤、无法容忍的。处理时应区别对待，对情有可原的应从轻惩处，对恶劣成性的应从重处罚。

对员工的惩戒方法可以是口头的，也可以是书面的；可以是公开的，也可以是私下的。一般来说，员工受处分并非光荣之事，因此，如以书面及公开方法处理，员工所受挫折较大；如以私下或口头方法处理，则员工所受挫折较小。因此，除为维护纪律对性质恶劣的严惩并书面公开处理，一般宜以口头或私下处理，希望受惩处员工自己有所警惕，知过而改即可，不必使其他员工全部知道，以免增加受惩处员工的挫折感。

心理契约——增进员工的归属感和忠诚度

团队的成员只有把团队当成自己的家，把团队的事当成自己的事，建立充分的心理契约，这个团队才会得到更好的发展。这就是一种主人翁责任感，任何团队都需要有责任感的成员，企业的发展也是一样，培养员工的主人翁责任感，增进员工的归属感和忠诚度是非常重要的。

在工厂的入口处，有一支生了锈的大铁钉被丢弃竖立在那里。员工们进进出出，大致可分为两种情形：第一种是根本没看见；第二种是看到了，也警觉到它可能产生的危险。不过第二种员工所持的态度又可能出现三种不同的类型：第一类心想别人会捡起来的，不用自己多事，只要自己小心，于是视若无睹，改道而行；第二类会认为自己现在太忙，还有很多要事亟待解决，等办完事后再来处理那根铁钉；第三类则抱着勤慎敬谨、事不宜迟的态度，马上弯腰捡起并妥善处置。

如果你是老板，你会要哪种员工呢？毫无疑问会选择第三类员工。第一种员工是浑浑噩噩过日子的人，没有洞察力，直到下岗时，可能还不了解原因。第二种员工虽有警觉性，但是又可以分为三类人。第一类属于自私型，一切行动以自己的利益为出发点，只扫自家门前雪，不管他人瓦上霜。第二类是消极推脱的人，凡事能拖就拖，且找出一大堆的理由来开脱辩解。第三类是积极负责的人，这种类型的人具备问题意识、忧患意识和责任感。这种员工是企业最需要的人才。企业需要有责任感的员工，更需要重视对员工主人翁责任感的培养。

韩国有一家卫生材料厂，自1983年3月开始，实行“一日厂长”制度。在每周的星期三，挑选一名员工做一天厂长，每周轮换一次。在短短的一年时间内，做过“一日厂长”的已有40人，占全厂员工的10%。每个星期三上午9点，“一日厂长”上任，第一项工作是听取各车间、部门主管的简单汇报，以了解工厂的全盘运营情况，随后与正式厂长一道巡视各部门、车间的工作情况。最后两项工作是在办公室里处理来自各部门、车间主管或员工的公文和报告。“一日厂长”有公文批阅权。在星期三，呈报厂长的所有公文都要首先经“一日厂长”签名批阅，厂长如果要更改“一日厂长”的意见，必须征求“一日厂长”的意见才能最后裁决，不能擅自更改。

“一日厂长”还有权对工厂的管理提出批评意见。批评意见要详细地记入工作日记，以便在车间、部门之间传阅。各车间部门的主管必须听取批评意见并随时改进自己的工作，还要写出改进工作成果的报告在干部会议上宣读，得到全体干部认可后方能结束。

“一日厂长”制度的实施，成功地改善了劳资关系。一位年仅22岁的女工当了“一日厂长”后自信地说：如果我第二次当上“一日厂长”，一定比上次干得更出色。她已经认识到“一日厂长”制可以使员工体验到工厂的业务实践，增进员工的主人翁责任感和工作热情。员工把企业当成自己的家，认真地执行与此有关的计划，企业的凝聚力也大为增强，员工更能体谅老板的辛苦和各种决策的用意。

人人都有主人翁责任感，人的潜在心理经常会对和自己有关的事情产生一种“想了解更深”与“想参与其中”的“参加欲望”。

一个人的主人翁责任感能否被激发，直接影响其在活动中的表现。如果这一欲望能够得到满足，则会大大激发他的工作热情，让他心甘情愿地付出心血与汗水。

相反，如果一个人对某项活动有很强的参加欲望，但由于种种原因没能参与其中，这样，他的积极性就会受到打击，很可能心灰意冷，对其他的工作也缺乏热情。

对于组织管理者而言，创造条件让员工参与管理或决策是激发员工的主人翁责任感、提高组织效率的重要途径。

主人翁责任感让员工感受到那种“我不仅是一个执行者，更是一个决策者”的成就感，让他们把公司的事业当作自己的事业，把公司的目标当作自己的目标，从而增进对公司的忠诚度和归属感。组织管理者不仅应尽量满足成员的参加欲望，还应有意识地激发他们的主人翁意识。

破窗效应——及时修好第一块被打碎的玻璃

破窗效应，是指一种心理暗示造成的某种效应。人的行为和所处的环境均具有强烈的暗示性和诱导性，若有人打坏了窗户玻璃又没及时修复，别人就会受到暗示，去打碎更多的玻璃。

美国斯坦福大学心理学专家菲利普·津巴多于1969年进行了一项实验，他找来两辆一模一样的汽车，把其中的一辆停在加州帕洛·阿尔托的中产阶级社区，而另一辆停在相对杂乱的纽约布朗克斯区。停在布朗克斯的那辆，他把车牌摘掉，把顶棚打开，结果当天就被偷走了；而放在帕洛·阿尔托的那一辆，一个星期也无人理睬。后来，辛巴杜用锤子把那辆车的玻璃敲了一个大洞。结果仅仅过了几个小时，它就不见了。以这项实验为基础，政治学家威尔逊和犯罪学家凯琳提出了一个“破窗效应”理论，认为如果有人打坏了一幢建筑物的窗户玻璃，而这扇窗户又得不到及时的维修，别人就可能受到某些暗示性的纵容去打坏更多的窗户。久而久之，这些坏掉的窗户就给人造成一种无序的感觉。结果在这种公众麻木不仁的氛围中犯罪就会滋生，甚至频繁出现。

从心理学角度来说，破窗效应就是环境对人的暗示和诱导作用。

一块窗户玻璃被人打破，如果不及时更换，其他的玻璃很快也会被人打破；清洁的墙面被人乱画几笔，如果不及时粉刷，很快就会一塌糊涂；街道一角有人丢了垃圾，如果不及时清除，很快就会垃圾成堆……

从破窗效应中，我们可以得到这样一个道理：任何一种不良现象的存在都传递着一种信息，这种信息会导致不良现象的无限扩展，同时必须高度警觉那些看起来是偶然的、个别的、轻微的“过错”，如果对这种行为不闻不问、熟视无睹、反应迟钝或纠正不力，就会纵容更多的人“去打破更多的窗户玻璃”，就极有可能演变成“千里之堤，溃于蚁穴”的恶果。

在企业中同样如此。一个企业如果想要顺利地运营下去，一个公司想要发展壮大，就必须有严格的规章制度，并要严格按照规章行事。

曾几何时，在国内保健品行业夺目耀眼的三株集团，在短短的三年时间里，销售额提高了64倍，达到80亿元，打造了一个无比辉煌的保健品帝国，销售网络遍布全国，触角直达各地村镇。总裁吴炳新自豪地说：“中国第一大网络是邮政网，第二大网络就是三株网。”然而谁也没能想到，一个“常德事件”便使拥有15万员工的庞然大物轰然倒下。

事实上，《八瓶三株口服液喝死一条老汉》的报道刚刚见诸报端时，三株拥有足够的时间和机会避免这个悲剧的发生。当时，原告曾直接找到三株，要求其赔偿20万元。本来可以“大事化小”，可三株公司却拒绝了对方的赔偿要求，选择了对簿公堂。三株胜诉了，但没落的悲剧也已无法避免。1997年，三株口服液的销售额接近2亿元，但是事件发生后的1998年4月，销售额只有几百万元。一审判决后，三株正式员工从15万人减为2万人，直接损失40多亿元。

按常理来讲，三株完全可以事后补救，找到解决的良方，但是他们根本就没有去做，最后只能看着千里之堤，毁于蚁穴。

作为管理者，一个细小的决定也直接影响着企业的成败。

1984年，国际某家著名的跨国公司因为管理上的疏忽，发生了一次毒气泄漏事故，伤亡惨重，酿成了20世纪以来最大的一起工业惨案。

1984年12月3日子夜，公司下属的某农药厂的一个储气罐的压力在急剧上升，储气罐里装的4.5吨液态剧毒性异氰酸甲酯是用来制造农药西维因的原料。0时56分，储气罐阀门失灵，罐内的剧毒化学物质漏了出来，以气体的形态迅速向外扩散。由于缺少严格的管理和防范措施，事故发生后，生产工人惊慌失措，只顾自己逃跑，没有一人去实施抢救措施，也没有人向公司领导报告，直到毒气形成的浓重烟雾笼罩在全市上空。

从农药厂漏出来的毒气越过工厂围墙，首先进入毗邻的贫民区，数百名居民立即在睡梦中死去。火车站附近有不少乞丐因怕冷而拥挤在一起。毒气弥漫到那里，几分钟之内便有10多人丧生，200多人出现严重中毒症状。毒气穿过商店、街道，飘过65平方公里的市区。那天晚上没有风，空气中弥漫着大雾，使得毒气以较高浓度缓缓扩散，传播着死亡。

发生事故的第二天清晨，整个市区好像遭到了袭击一样。一座座房屋完好无损，但到处都是人和牲畜的尸体，好端端的城市变成了一座恐怖之城。

事故发生以后，警察以“玩忽职守，造成严重伤亡事故”的罪名逮捕了公司的主要负责人，这件震惊世界的毒气泄漏事件发生后，该公司就破产倒闭了。

储气罐阀门失灵是化工企业经常会遇到的一个问题。任何一个化工企业，对于装有剧毒化学物质的储气罐的管理都会有严格的规定。作为一家著名的跨国公司，当然也不会例外。这里的制度包括：对阀门的检验，查出问题后的维修或更换，更包括出现泄漏事故后如何实施抢救、如何向上级报告等。制度订好后要对生产工人进行培训，使他们知道在事故面前应该怎么办。案例中该公司的问题在于这些细节没有落到实处，导致出现事故后，“生产工人惊慌失措，只顾自己逃跑，没有一人去实施抢救措施，也没有人向公司领导报告，直到毒气形成的浓重烟雾笼罩在全市上空”。

因此，管理者一定要及时修好“第一块被打碎的窗户玻璃”，否则，小心你的玻璃被打得精光。

管理者要重视公司的小事情，不要因小失大。注意做好以下几点：

首先，对管理层来说，每一个决定都直接影响着企业的生死。管理者决定企业的生死，一点也不夸张。因此，要周密细致地考虑每一件事情，不要让任何一件小事影响到企业的生死。

其次，公司里所有员工要平等对待。把每一个员工都当成生命中的贵人，尊重每一个与你共事的人。

最后，管理中任何一个疏忽都可能意味着整体的失败。只有对每一件小事都给予足够的重视，才不会因细枝末节而影响全局。

波特定理——让责怪变成激励

山顶住着一位智者，他胡子雪白，谁也说不清他有多大年纪。男女老少都非常尊敬他，不管谁遇到大事小情，都来找他，请求他提些忠告。但智者总是笑眯眯地说："我能提些什么忠告呢？"这天，又有年轻人来求他提忠告。智者仍然婉言谢绝，但年轻人苦缠不放。

智者无奈，他拿来两块窄窄的木条，两撮钉子——一撮螺钉，一撮直钉。另外，他还拿来一把榔头，一把钳子，一把改锥。他先用锤子往木条上钉直钉，但是木条很硬，他费了很大劲也钉不进去，即使把钉子砸弯了，也钉不进去。一会儿工夫，好几根钉子都被他砸弯了。

最后，他用钳子夹住钉子，用榔头使劲砸，钉子虽弯弯曲曲地进到木条里面去了，但他也前功尽弃了，因为那根木条也裂成了两半。智者又拿起螺钉、改锥和锤子，他把钉子往木板上轻轻一砸，然后拿起改锥拧了起来，没费多大力气，螺钉就钻进木条里了，天衣无缝。智者指着木条笑笑："忠言不必逆耳，良药不必苦口。人们津津乐道的逆耳忠言、苦口良药，其实都是笨人的办法。硬碰硬有什么好处呢？说的人生气，听的人上火，最后伤了和气，好心变成了冷漠，友谊变成了仇恨。我活这么大只有一条经验，那就是绝对不直接向任何人提忠告。当需要指出别人错误的时候，我会像螺丝钉一样婉转曲折地表达自己的意见和建议。"

这则寓言蕴含着管理学中的波特定理，当员工犯了错误，领导者不应该一味地责怪，而应宽容对待，变责怪为鼓励，从而达到激励人心的目的。

日本有一位表演大师，有一次在登台表演前，他的学生告诉他鞋带松了。大师点头致谢，蹲下来把鞋带仔细系好。等学生离开后，他又将鞋带解开。有一名记者看到了这一切，不解地问："您为什么又把鞋带解开了呢？"大师回答："因为我扮演的角色是一个疲惫的旅行者，而松开的鞋带这个细节可以表现出旅行者的劳累和憔悴。"记者又问："您为什么不直接告诉那个学生呢？难道他不知道这是表演的真谛吗？"大师回答："我的学生能细心地发现我的鞋带松了，并且热心地告诉我，他的这一行为是值得鼓励的，至于为什么不当场告诉他，我想教育的机会还有很多，可以下一次再说。"

这位表演大师并没有因为学生看不出自己的用心而责怪他，反而对他的细心进行了一番表扬，可谓用心良苦。表演大师的做法既没有打消学生细心观察生活的热情，又为后面的教导埋下了伏笔。

在企业中，新员工就像是故事中的那个学生，由于初来乍到，他们往往会提一些错误的建议或做一些错误的事情。作为企业的领导者，面对员工好心提出的建议，即便是错误的，也应该先谦虚地接受并感谢他，然后再找机会纠正他的错误。否则，新员工的积极性一旦受到了打击，以后就再也不敢创新、不敢提出自己的建议了。

当员工犯了错时，有些领导者会进行一番严厉的批评。他们认为，这样不仅能起到杀一儆百的作用，而且能体现规章制度的严肃性和领导者的威严。其实，严厉的批评只会大大打击员工的积极性，时间长了，员工就容易产生抵触情绪，不愿意认真完成领导者交办的工作。

在工作中，员工犯一两次错误是很正常的事情。如果领导者能宽容一点，替员工着想，那么员工就会产生继续工作的动力。

IBM公司对员工的关怀一直为业界所称道。公司的一位负责人由于在工作创新中出现严重失误而造成了1000万美元的巨额损失。许多人都认为应立即将他开除，而董事长却认为一时的失败是创新过程中难免的，如果给他继续工作的机会，那么他的进取心和才智将会大大超过从前。结果，这位负责人不但没有被开除，反而被调任到同等重要的岗位。董事长的解释是："如果将他开除，那么公司岂不是在他身上白花了1000万美元的学费？"后来，这位负责人确实为公司的发展作出了卓越的贡献。

对于犯错的下属，IBM的董事长不仅没有开除他，反而继续留用他，表示了自己对他的宽容和信任。而那位负责人也心存感激，通过更加努力的工作来回报董事长对自己的信任。

一个缺乏宽容的企业是很难营造良好的合作氛围的，而一个不懂得宽容的领导者则是很难赢得员工的尊敬的。

美国玫琳凯化妆品公司的创始人玫琳凯·艾施是一个富有感染力的领导者。当记者问她会如何对待不合格或犯错的员工时，她说："最重要的就是学会宽厚待人，我们应该学会换位思考，其实工作完成得不好，最难受的是员工。作为领导者，我们应该帮助员工发现问题、改正问题。如果发现员工确实不适合做这个工作，我们应尽最大的努力帮助他寻找自己擅长的工作，完成角色的转变。"

玫琳凯·艾施的管理方式很值得每个领导者认真研究。当员工犯了错时，领导者不应急着去批评他，而应站在他的角度，帮助他寻找出错的原因。

华为公司总裁任正非曾说：“任何领导者都必须同人打交道。一旦同人打交道，宽容的重要性立即就会显示出来。人与人的差异是客观存在的，宽容的本质就是容忍人与人之间的差异。不同性格、不同特长、不同爱好的人之所以能聚在一起，靠的就是领导者的宽容。宽容别人，其实就是宽容自己……”

总之，在企业管理过程中，领导者要以一颗宽容之心对待员工所犯的错误，这样可以大大提高员工的忠诚度，使员工以饱满的热情重新投入到工作中。

权威效应——以身作则，给下属树立好榜样

权威效应，又被称为权威暗示效应，是指一个人如果地位高、有威信、受人敬重，那他所说的话及所做的事就容易引起别人的重视，并让他们相信其正确性，即“人微言轻，人贵言重”。

一位牧师走到海边，正好目睹一艘船在海上发生事故，船上所有的人都掉进海里死了。牧师开始对上帝感到怀疑，忍不住责怪道：“上帝也太不讲理了！为什么只因为在这艘船上有一个罪犯，就要让这么多人一同受害？”

正当牧师喋喋不休时，他发觉自己被一大群蚂蚁围住了。原来他正站在一个蚂蚁窝旁边，有一只蚂蚁爬到他身上，并且咬了他一口，牧师非常生气，立刻用脚踩死了所有的蚂蚁。没想到，此时上帝忽然出现，对牧师说道：“既然你也用与我相同的方式去对待那些可怜的蚂蚁，那你还有什么资格批评我呢？”

从心理学角度讲，上述的寓言故事，生动地描述了有损管理绩效的心态：宽以律己，严以待人。这也是员工最厌恶的主管心态之一。当管理者标准不一，不能以身作则，反而用放大镜来检视员工的行为，造成管理上的冲突，使员工产生“多做多错，少做少错，不做不错”的心态，甚至“上行下效”，导致组织团队毫无作为。

《世界上最伟大的一堂课》里讲，只有物品才能管理，人是无法管理的，人只能被领导。所谓“领导”，是一种技能，用来影响别人，让别人心甘情愿地为你做事。“管理”可以让人做事，“领导”才能让人心甘情愿地做事。

身为管理者，你的一举一动都是员工的表率，因此必须言行谨慎。当你拿着放大镜看别人却放纵自己时，员工也必定是拿放大镜来检视你，这其中会产生的冲突可想而知。

管理者千万不要以为自己的行为与企业的员工无关，对于一个企业来说，领导者是一个非常特殊的角色。在一定程度上，领导者的行为就是企业的杠杆，领导者想把企业塑造成什么样，他就必须自己首先那么做。同样，领导者错误的表率常常会给企业带来难以遏制的坏习气。所以，要提高企业效益，领导首先要以身作则，起好带头作用，也就是运用好权威效应。

在惠普，各级管理人员，不管什么级别，都没有独立的办公室，大家坐在一起，一视同仁。而且在这样一个环境中，大家直呼其名，即使级别再高的管理者，都直接叫他的名字。这样让人感觉很亲切，体现出一种平等的同事关系。如果老总某天上班忘记了戴胸牌，同样也要像普通员工一样戴一个临时的胸牌。不管是谁，你只要没有戴胸牌上班，保安就不会让你进去，保安不会因为你是老总就放行，这是严格的制度。老总只有以身作则，处处做出表率，才有资格去要求员工。

其实，儒家创始人孔子就对领导者以身作则、率先垂范特别重视，他说：“君子之德风，小人之德草，草上之风，必偃。”领导者的所作所为就像风，部下的行为举动如同草，风向哪里吹，草就向哪里摆。领导怎么做，部下就怎么做。

所以说："其身正，不令而行；其身不正，虽令不从。"

作为现代企业的领导者就应该以身作则，给部下树立一个好榜样。那么，怎样成为一名优秀的管理者？如何脱颖而出？

管理者必须注意自己的修养。应当摆好位置，放下架子，不要高估了自己、低估了别人，要以普通人员的身份和心态与大家共事；思想上要与大家沟通，工作上多与大家交流；处理问题多听取大家的意见，避免主观武断；有错就主动自我批评，不要只顾面子；多关心与照顾下属的个人问题，生活上与他们打成一片，与他们同甘共苦。同时，还要在工作中不断地积累经验，向别人学习、向实践学习、向书本学习，这样才能逐步提高自己的知识水平与工作能力。

衡量企业成功的尺度是创新能力，而创新来源于不断地学习。不学习、不读书就没有新思想，也就不会有新策略和正确的决策。

李嘉诚说："一个人只有不断填充新知识，才能适应日新月异的现代社会，不然你就会被那些拥有新知识的人超越。"知识不仅是指课本上的内容，还包括社会经验、文明文化、时代精神等整体要素，知识是新时代的资本。

世界级企业管理大师班尼士下了一个定义："创造一个令下属追求的前景和目标，将它转化为大家的行为，并完成或达到所追求的前景和目标。"企业管理者知道，要使员工能奉献于企业共同的愿景，就必须使目标深植于每一个员工的心中，必须和每个员工信守的价值观相一致；否则，便不可能激发这种热情。

企业最好的资产是人，企业管理者的美德在于挑选好的合作伙伴。选一个合适的人，比选一个优秀的人来得重要。除了专业所必备的素质之外，他们找人要看三种东西：一是必须精力充沛。有精神、有气派，这样的人走得远，可以感染人，适应变动。二是要正直。在考虑个人利益的同时，能够考虑到公司的利益。三是要有智慧和胆识，有进行思考的能力和魄力。

人的精力是有限的，我们不可能一个人做所有的事，所以，作为一个企业管理者必须学会把权力授予适当的人。授权就是给人以责任，赋予对方权力，并要保证有一个良好的报告反馈系统。美国前总统里根是一个出了名的放任主义者，他只关注最重要的事情，将其他事情交给手下得力的人去负责，自己因此可以经常去打球、度假，但并不妨碍他成为美国历史上最伟大的总统之一。

组织起一个优秀的团队，是一件非常艰难和重要的事情。激发他们的热情，挖掘每一位团队成员的聪明与潜力，并将他们协调起来，是成功的管理者必须具备的一种能力。一个优秀的企业管理者必须是一个能激发员工动力的人。

海尔的张瑞敏曾经说过："管理者如果坐下，部下就躺下了。"只有管理好自己，才能管理好别人。现在的企业管理要求企业的领导者都能以身作则，用自己的实际行动影响员工，变成员工的表率。领导者能身先士卒，以积极正确的示范做导向，就可以调动员工的积极性，激发他们努力向上的干劲；反之，领导者持一种消极、观望的态度，只能削减员工的工作热情，使他们对企业的发展前途失去信心。

心理学专家认为：没有沉不了的船，没有垮不了的企业，一切取决于自己的努力。员工要一两倍的努力，领导要十倍的努力。

鲇鱼效应——良性竞争更能激发人的潜能

挪威人很喜欢吃沙丁鱼，特别是活的沙丁鱼。因此，市场上活沙丁鱼的价格要比死沙丁鱼高许多。渔民们总是千方百计地将沙丁鱼活着运到渔港。不过，虽然经过种种努力，可绝大部分沙丁鱼还是会在中途因窒息而死亡。奇怪的是，在所有渔船当中，有一条渔船总是能让大部分沙丁鱼活着回到渔港。船长严格保守着秘密，一直到船长去世，谜底才被揭开：原来是船长在装满沙丁鱼的鱼槽里放进了一条鲇鱼。鲇鱼进入鱼槽之后，因为环境陌生，它便四处游动。沙丁鱼见了鲇鱼之后十分紧张，左冲右突，加速游动，四处躲避。这么一来，一条条沙丁鱼就能欢蹦乱跳地回到渔港了。其实道理很简单：鲇鱼进入鱼槽使得沙丁鱼感受到了威胁，继而就紧张起来，加速游动，这样沙丁鱼便可以活着运到港口了。

采取一种手段或措施，刺激一些企业活跃起来投入市场积极参与竞争，从而激活市场中的同行业企业，这是鲇鱼效应在企业竞争中的体现。其实质是一种激励，也是激活员工队伍的一个奥秘。

鲇鱼，是一种生性好动的鱼类，并没有什么十分特别的地方，然而自从有渔夫将它用作保证沙丁鱼成活的工具后，其作用便日益受到重视。沙丁鱼生性喜欢安静，追求平稳，对面临的危险没有清醒的认识，只是一味地安逸于现有的日子。渔夫聪明地发挥了鲇鱼的作用。在这个过程中，他也获得了最大的利益。

鲇鱼效应对于“渔夫”来说，在于激励手段的运用。渔夫采用鲇鱼作为激励工具，促使沙丁鱼不断游动，以保证沙丁鱼活着，以此来获得最大利益。

鲇鱼效应对于“鲇鱼”来说，在于自我实现。鲇鱼型人才是企业中必需的。鲇鱼型人才是出于获得生存空间的需要而出现的，自我实现是其最根本目的。

鲇鱼效应对于“沙丁鱼”来说，在于增加忧患意识。沙丁鱼型员工的忧患意识太少，一味地追求稳定，但现实的生存状况是不允许“沙丁鱼”有片刻安宁。“沙丁鱼”如果不想窒息而亡，就必须活跃起来，积极寻找新的出路。

实际上，当一个企业达到比较稳定的状态时，常常也就意味着员工工作积极性的降低，看上去“一团和气”的集体不一定是一个高效率的集体。在一个组织当中，假如自始至终有一位或几位“鲇鱼”式的人物，无疑会激活懒怠的员工队伍，从而提高工作的业绩。

企业只有有了压力，存在竞争气氛，员工才会有紧迫感、危机感，才能激发进取心，企业才能有活力。在这方面日本的本田公司做得非常出色，值得借鉴。

有一次，本田先生对欧美企业进行考察，发现许多企业的人员基本上由三种类型组成：一是不可缺少的干才，约占两成；二是以公司为家的勤劳人才，约占六成；三是终日东游西荡，拖企业后腿的蠢材，占两成。而自己公司的人员中，缺乏进取心和敬业精神的人员也许还要多些。那么如何使前两种人增多，使其更具有敬业精神，而使第三种人减少呢？如果对第三种类型的人员实行完全淘汰，一方面会受到工会方面的压力，另一方面又会使企业蒙受损失。其实，这些人也能完成工作，只是与公司的要求与发展相距远一些，如果全部淘汰，那显然是行不通的。

后来，本田先生受到鲇鱼故事的启发，决定进行人事方面的改革。他首先从销售部入手，因为销售部经理的观念与公司的精神相差太远，而且他的守旧思想已经严重影响了他的下属。必须找一条“鲇鱼”来，尽早打破销售部只会维持现状的沉闷气氛，否则公司的发展将会受到严重影响。经过周密的计划和努力，本田先生终于把松和公司销售部副经理、年仅35岁的武太郎挖了过来。武太郎接任本田公司销售部经理后，凭着自己丰富的市场营销经验和过人的学识，以及惊人的毅力和工作热情，受到了销售部全体员工的好评，员工的工作热情被极大地调动起来，活力大为增强。公司的销售出现了转机，月销售额直线上升，公司在欧美市场的知名度不断提高。本田先生对武太郎上任以来的工作非常满意，这不仅在于他的工作表现，而且销售部作为企业的龙头部门带动了其他部门经理人员的工作热情和活力。本田深为自己有效利用了“鲇鱼效应”而得意。从此，本田公司每年重点从外部“中途聘用”一些精干的、思维敏捷的、30岁左右的生力军，有时甚至聘请常务董事一级的“大鲇鱼”。这样一来，公司上下的“沙丁鱼”都有了触电般的感觉，业绩蒸蒸日上。

由此可见，鲇鱼效应是企业领导层激发员工活力的有效措施之一。它表现在两方面：一是企业要不断补充新鲜血液，把那些富有朝气、思维敏捷的年轻生力军引入职工队伍甚至管理层中，给那些故步自封、因循守旧的懒惰员工和官僚带来竞争压力，才能唤起“沙丁鱼”们的生存意识和竞争求胜之心，因为良性竞争更能激发人的潜能。二是要不断地引进新技术、新工艺、新设备、新管理观念，这样才能使企业在市场大潮中搏击风浪，增强生存能力和适应能力。

程中得到了充分的发挥。

很快，作为公司财产主要接管人的摩根就发现了斯宾塞在经营与管理方面的过人之处，他觉得斯宾塞在某些方面甚至超过了自己。对于求才若渴的摩根来说，最大爱好是发现人才、任用人才，因此他绝不会放过任何一个人才。由于很欣赏斯宾塞的才华，摩根擢升他为总裁，而斯宾塞也没有辜负摩根的一番美意，顺利地偿还了800万美元的债务，因此更加博得摩根的青睐，斯宾塞最终成了摩根的左膀右臂。

若想使公司充满生机与活力，必须选贤任能，雇请一流人才，而不能武大郎开店，害怕对方超过自己。用一流的人才才能造就一流的公司。其实，敢用比自己强的人不仅是一个肚量问题，也是一个信心与能力的问题。楚汉相争中，刘邦能得天下，是因为他有张良的谋略、萧何的内助、韩信的善战；卖草鞋的刘备能在三国鼎立中独占一席，是因为三顾茅庐请得诸葛亮出山相助。对一个企业领导者来说，即使不是一流人才，只要能知人善任，企业就不愁发展壮大。

热炉法则——严谨的制度是企业管理的关键

热炉法则又称惩处法则，是指企业规章制度面前人人平等。过与罚能相符，法与治可相期。

马谡是诸葛亮的一员爱将。诸葛亮在与司马懿对战街亭时，马谡自告奋勇要出兵守街亭。诸葛亮虽然很赏识他，但知道马谡做事未免轻率，因而不敢轻易答应他的请求。但马谡表示愿立军令状，若失败就处死全家，诸葛亮只好同意给他这个机会，并指派王平将军随行，并交代马谡在安置完营寨后须立刻回报，有事要与王平商量，马谡一一答应。可是军队到了街亭，马谡执意扎营在山上，完全不听王平的建议，而且没有遵守约定将安营的阵图送回本部。司马懿派兵进攻街亭时，在山下切断了马谡军的粮食及水的供应，使得马谡兵败如山倒，蜀国的重要据点街亭因而失守。面对爱将的重大错误，诸葛亮并没有姑息，而是马上挥泪将其处斩了。

诸葛亮运用的就是热炉法则。火炉面前人人平等，无论是谁触及它，便会挨烫。诸葛亮不因马谡是自己的爱将就网开一面，从而保证了惩罚的平等性。事前预立军令状，做到了预防性。撤军后马上执行斩刑，体现了即时性。

热炉法则这个源自西方管理学家提出的惩罚原则，它的实际指导意义在于，若有人在工作中违反了规章制度，就像去碰触一个烧红的火炉，一定要让他受到“烫”的处罚。与奖赏之类的正面强化手段相反，惩罚之类则属于反面强化手段，热炉法则应用“三性”来完善管理制度，即：即刻性、预先示警性、彻底贯穿性。

纪律是一切制度的基石，组织与团队要能长久存在，其强大的维系力就是团队纪律。纪律的维系力必须通过严格的执行来完成。

每个企业都有自己的“天条”及规章制度，员工中的任何人触犯了都要受到惩罚。制度明确规定了员工该做什么，不该做什么，就好像标明了在哪里有“热炉”，一旦碰上它，就一定会受到惩罚。只有这样，才能做到令行禁止、不徇私情，真正实现热炉法则。人们常说这样一句话：“一个和尚挑水喝，两个和尚抬水喝，三个和尚没水喝。”其实，解决三个和尚没水喝的问题并不难，关键就在于要制定一套有执行力的制度。

企业要有完善的经营管理，除了要有“懂事”的人做领导外，还要有科学的管理制度。任何一家企业的成功，都应归功于制度执行得成功。企业只有通过规范化的制度来完善自己的整体策略规划，促使员工按照制度的要求来规范自己的行为，才能调动企业员工的工作状态，使员工保质保量地完成自己的工作任务。

王永庆是最早探索和实行企业管理制度化的企业家。台塑的制度化是设计一套可行的经营制度，使员工按照所设定的操作规范与事务流程去做事；同时，主管也能主动地做考核和追踪。工作量可以计算，工作品质可以衡量，这是台塑制定管理制度的最基本原则。

王永庆认为，一个拥有良好管理制度的企业，其每个员工所担任的工作都有明确的目标，只要循着达到目标的途径处理事务，根据工作成绩来判定每一个成员的工作效率，使每一个人都能发挥自己的潜力。能够做到这种地步，企业自然就具备竞争力。

有了管理制度后，接下来就是推行的问题。再完美的管理制度，倘若不能彻底去推行，那就等于没有制度。

王永庆于1973年在台塑正式成立“总管理处总经理室”，其首要任务就是全面推行管理制度。管理制度推行成败的关键，全在于企业领导的重视程度。如果领导很重视，又能身体力行，那就表示了领导贯彻管理制度的决心，这样一来，便会成功。

台塑推行管理制度时曾遭遇到了极大的阻力，为此，王永庆特地成立“午餐汇报”制度，借助领导直接鞭策，有效推动管理制度的实行。

王永庆为了表示自己的决心，对于午餐汇报中表现不佳的主管，不惜马上撤职或撤换。因此在午餐汇报之后，常常有主管回去之后找不到自己座位的情形。就这样历经6年时间，到了1979年，管理制度的成效才显现出来。

管理制度推行之后，还应对现行的制度不断检讨，从中发现不合理之处，再找出切实可行的改善方法，以求对管理制度不断完善。

在奥克斯集团中的各项纪律中，有一项规定是开会时不得有手机铃声，若违反，每记铃声罚款50元。在奥克斯集团内，无论大会小会，都不会受手机铃声的干扰，即使是刚进奥克斯的新人也知道必须养成这样的良好习惯，绝不触犯。

这些企业之所以做这样的规定，无非是希望全体员工在心目中形成一种强烈的观念：制度和纪律是一个不可触摸的“热炉”。

惩罚制度毕竟是手段而不是目的，使用过滥就会适得其反。企业制定和推行惩罚制度，关键是要遵循公开、公正、公平、公心的原则，并从技能培训、企业文化建设和建立科学的奖惩机制入手，使员工心悦诚服、勇于认错。这样的话，“热炉”给员工的就不是烫，而是温暖的感觉。

帕金森定律——精兵简政，提升组织效率

1958年，英国历史学家、政治学家帕金森通过长期调查研究，出版了《帕金森定律》一书。他在书中阐述了机构人员膨胀的原因及后果。

一个不称职的领导者可能有三条出路。第一是申请辞职，把位子让给能干的人；第二是让一位能干的人来协助自己工作；第三是任用两个水平比自己更低的人当助手。

第一条路是很少有人走的，因为那样领导者会丧失许多权利。第二条路也是不能走的，因为那个能干的人会成为领导者的对手。第三条路也未必是最好的选择。两个平庸的助手分担了领导者的工作，领导者可以高高在上发号施令。此时，两个无能的助手会再为自己找两个更无能的助手。依此类推，就形成了一个机构臃肿、人浮于事、效率低下的领导体系。

在团队建设过程中，领导者常常遇到以下问题：随着经营规模的逐步扩大，管理层级日渐增多，企业染上了机构臃肿之病，使得企业内经常出现信息传递受阻或者内容失真，指令执行发生偏差等现象。

对于这些现象，领导者要从心理上引起重视，在保持重要岗位人员不变的基础上精兵简政，裁减多余部门，合并职能相似的部门，减少管理层级，提高工作效率。

美的集团在精兵简政上堪称典范。

2000年下半年，美的集团董事长何享健提出要转变美的的经营模式，以利润最大化、投资创造最大价值为根本目标，从管理、经营、市场和区域四个方面进行结构调整。

何享健将美的本部精简为行政管理部、财务部、投资企划部、法务审计部和市场部，本部人员裁减了40多人。在职能部门中，只保留总裁、业务部长、业务经理、办事员这几个层级，比以前精简了两个层级。这些措施大大提高了基层的工作效率，使得管理层的决策能够很快地传达下去。

精简后的美的卸掉了沉重的机构包袱，轻装上阵。卓越的管理使得美的投资的家电项目获得了一个又一个成功。

无独有偶，美国传奇商业巨子艾柯卡也是采用精兵简政的方法，在危机中力挽狂澜，拯救了濒临绝境的克莱斯勒汽车公司。

自1919年创办后，克莱斯勒的汽车以强优越的性能、强劲的动力、优美的外观设计跻身美国汽车行业前列，与著名的福特、通用汽车公司鼎足而立。然而，到了20世纪中期，克莱斯勒却因经营不善、盲目发展，连续三个季度亏损，亏损额曾一度高达1.6亿美元。克莱斯勒一度陷入绝境。

无计可施的克莱斯勒董事长约翰·李嘉图请来著名的企业家艾柯卡，让他来担任公司的董事长，以挽危局。

艾柯卡发现公司内部存在秩序混乱、纪律松散、资金周转不灵、副总经理不称职等一系列问题。更为严重的是，公司的副总经理竟有35人之多，而且各自为政。公司内部人员之间不存在明确的隶属关系。

艾柯卡清楚地意识到，若要挽救克莱斯勒，必须首先建立一个有效的领导班子，以重振员工的士气。在董事会的支持下，艾柯卡准备采取一系列措施进行改革。

在三年内，艾柯卡解雇了33位副总经理，同时又从外面招聘了一批他所熟识的、精明能干的人。这些措施使得克莱斯勒起死回生。

然而好景不长，克莱斯勒再次陷入困境。1979年1月16日，石油危机爆发，汽油价格暴涨，整个美国陷入经济衰退的深渊。由于克莱斯勒生产的汽车普遍耗油量大，这次石油危机使这只“油老虎”遭受重创。半年时间里他们没有卖出一台底盘及发动机。

艾柯卡立刻意识到这次危机的严重性，他关闭并卖出一批已成为公司包袱的工厂，从上至下进行裁员。仅两次裁员，就使公司每年减少了近5亿元的花销。

通过这次大手笔的精简部门和人员，公司甩掉了沉重的包袱，同时激发了在职员工的斗志。三年后，克莱斯勒化险为夷，摆脱了困境，召回了一些优秀的员工，重新占领了汽车市场。

艾柯卡为挽救公司、提高工作效率，精简了很多无用或可有可无的部门和工厂；为改变公司人浮于事的状况，裁减了多余的或不能胜任现职的工作人员，并且选用了一批适合公司生产节奏的优秀员工，建立了一支精干的队伍。

艾柯卡的种种做法值得领导者学习。下面是两个有效的精兵简政方法：

1. 以决策层为基础进行精兵简政

国外出色的公司大都在决策层安排少量的人员。这些人员除了坐在办公室里下命令、听汇报之外，还要下到基层去解决实际问题。管理学家称这种现象为高层领导班子的“百人律”，即公司总部人员不要超过100名。

2. 精简中层管理机构和人员

领导者不仅要精简高层管理机构和人员，还要精简中层管理机构和人员。精简中层管理机构和人员的方法有以下两个。第一，缩减人员。当有人退休或因其他情况导致职位空缺时，领导者不要急于填补这个空缺，而要让这个职位空上半年或一年，看看情况怎样。除非有许多人要求填补这个职位，否则就把这个职位取消。第二，用工作扩大化来代替提升。对于素质好、能力强、精力充沛的人员，领导者可以让他们从事更有挑战性的工作，或者横向调动他们的工作，以此来代替提拔。这样可以避免中层管理人员过多的情况发生。

技巧篇

助你占据主动

戈培尔效应——要学会洞察事物的真相

《战国策·秦策》记载：从前，曾子住在费县，费县有一个与曾子同名同姓的人杀了人。有人告诉曾母说："曾参杀人。"曾参的母亲说："我的儿子不会杀人。"仍然织布自如。一会儿又有人跑来说："曾参杀人。"他的母亲还是织布自如。很快一个人又告诉她说："曾参杀人。"他的母亲终于害怕了，丢下梭子翻墙逃跑。曾母开始处于拒绝状态，中间逐渐认同，最后被累积的暗示控制而逃。

曾母本来不相信曾子杀人这个谎言，但是这个谎言无形中对曾母产生了一种暗示——也有杀人的可能，只不过这种暗示不明显，最终，累积的暗示促使曾母不得不怀疑自己的判断，最后翻墙逃跑。

可见，心理暗示的累积有移山填海的功效，完全可以改变人的信念，以之为善则为大善，以之作恶则为巨恶，全在乎其人。心理暗示是指人或周围环境以言语或非言语的方式，含蓄、间接地向个体发出信息，个体无意识地接受了这种信息，从而做出一定的心理或行为反应。

这就是戈培尔效应，也就是我们常说的"谎言重复一百次就成了真理"。一些非常重要的社会规律和生活法则，隐藏在复杂的社会现象之中。掌握它们，会帮助我们发现事物的真相，更深刻地认识社会和人性；合理运用它们，许多复杂和疑难问题会迎刃而解。

那么，人为何会受心理暗示的影响呢？这要从人的判断和决策过程说起。人的判断和决策是由人格中的“自我”部分，在综合了自身需要和环境限制的因素之后做出的。这就是我们常说的“主见”。而“有主见”或者是“没主见”，就是由一个人的“自我”的发达、健康程度决定的。也就是说，当一个人的“自我”不那么完美，甚至有部分缺陷的时候，就多会表现出没主见，就会容易受别人暗示，被别人控制和奴役，甚至相信异端邪说。世上没有绝对不受暗示的人，只是程度深浅不同，一般说来，儿童比成人更易被暗示，女性比男性更易被暗示，处于疲倦、催眠等状态时，比清醒时更容易受到暗示。

既然人这么容易受心理暗示的影响，那我们何不制造最佳的心理暗示效果，使之为我们所用呢？历史上，有不少人都尝试过这一处世方法。

三国时期，曹操率领部队去讨伐张绣。当时正值七八月间，烈日炎炎，将士们口渴难忍，体弱的士兵纷纷晕倒在路旁，几乎无法行军。曹操见状，心急如焚，他想：照这样下去，部队不但不能如期到达目的地，就是到了也无法打仗了。于是，他找来当地老乡询问附近是否有水源。老乡说最近的水源路程也不短，得穿过这个山谷才能到达。曹操想了想，快速来到队伍前面，高兴地对将士们说：“前边不远处就是一片梅林，我们加快脚步，过了这个山丘就可以吃到梅子了！”士兵们一听，不禁口舌生津，精神振奋，步伐加快了许多。“望梅止渴”中的暗示实属曹操的有意为之，并且还收到了不错的效果。

在现实生活中，我们可以巧妙地利用心理暗示，从而达到自己的目的。但是要注意进行心理暗示时需要掌握一定的技巧和方法。首先你要取得对方的信任，这是运用心理暗示的最重要准则；其次要抓住准确的时机，单刀直入；最后还有一点就是要不断地重复，重复能加深潜意识的痕迹，可以使具体事例直接印入潜意识。

任何事物都有两面性，暗示也是一样，有正面暗示，也有负面暗示，在具体情况下采取什么暗示完全凭借执行者的心态和想法，在这里完全没有必要也没有理由针对选择哪种暗示指手画脚地提出任何建议。积极善意的心态往往会给出积极的暗示，使他人得到战胜困难、不断进取的力量；反之，消极恶劣的心态则会使他人受到消极暗示的影响，变得冷淡、泄气、退缩、萎靡不振等等。还是那句话，以之为善则为大善，以之作恶则为巨恶，全在乎其人。

从另一个角度而言，我们也需要学会洞察事物真相，防止自己陷入不良的负面暗示中，要积极建设正面的心理暗示。

从众效应——利用众人的随大流心态

“突然，一个人跑了起来。也许是他猛然想起了与情人的约会，现在已经迟到很久了。不管他想到些什么，反正他在大街上跑了起来，向东跑去。另一个人也跑了起来，这可能是个着急的报童。第三个人，一个有急事的胖绅士，也小跑起来……十分钟之内，这条大街上所有的人都跑了起来。”

他们跑什么？人们可能会奇怪地问，他们究竟为什么奔跑？是洪水来了，还是猛兽来了？

也许，第一个开始跑的人知道自己为什么奔跑，第二个跑的人也知道自己为什么奔跑，甚至第三个人也有自己奔跑的原因。但是，当越来越多的人奔跑起来的时候，后面奔跑的人或许只会回答：“我不知道为什么跑，可是看见大家都跑，我也跟着跑吧，或许后面发生了什么可怕的事情呢！”

但是，之前并没有人高声呼喊发生了什么，在不知情的情况下，仅仅是看见有人在奔跑，就导致整条街上的人都跟着毫无理由地奔跑，这是为什么？

法国心理学专家约翰·法布尔曾做过一个著名的实验。他把几条胖乎乎的毛毛虫放在花盆的边缘，并让它们首尾相连围成一圈开始爬行。接着，他又在花盆附近撒上毛毛虫最爱吃的松叶。毛毛虫开始一只跟着一只，绕着花盆边缘转圈。一天过去了，又一天过去了，毛毛虫们一只紧跟着一只，不懈地兜着圈，谁也不敢掉队，谁也不敢破坏队形，就这样一直爬了七天七夜。最后，这些毛毛虫又累又饿，都死了。可问题是，它们最喜欢吃的食物就在附近！后来，科学家们就把这种喜欢跟着前面的路线走的习惯称为“跟随者”的习惯，把因跟随而导致失败的现象称为“毛毛虫效应”。

可能毛毛虫的愚钝源自它们并没有发育完备的大脑，于是，学者们又做了新的实验，这一次是在大学校园里。一堂再普通不过的化学课，老师带来了一瓶液体，他告诉同学们，这是一位化学家最新发明的某种挥发性液体，为检验这种液体的挥发时间，要求同学们用鼻子认真体会，如果闻到味道，就马上举手，然后老师会记录相应的时间。说完，老师打开了液体的瓶盖。半分钟过去了，一分钟过去了，一位同学举起了手，随后，他前后排的同学陆续举起了手。不到三分钟，全班同学的手都举起来了。这个时候，老师笑着宣布，其实这瓶液体只是再普通不过的蒸馏水，难道全班同学的鼻子都出了问题？

上学的时候我们选班委，总是依照少数服从多数的原则，如果大多数人都同意某某当班长，就算你不同意，也不一定会说出来，或者你说出来了，但作用甚微，因为很多人都同意了。久而久之，只要大部分人的意见是那样，结局就顺理成章了。

少数服从多数，究竟是因为多数人的见解更具有科学性，还是因为少数人的盲从？在心理学上，少数服从多数的现象也可以称为“从众效应”。这是指个人受到外界人群行为的影响，使得自己的判断、行为等方面与大众趋于一致的心理现象。我们不能简单地评判“从众效应”到底是好还是不好，这个行为的结果一般存在三种可能：积极的一致性、消极的一致性和无意义的一致性。

也就是说，当少数服从多数的时候，有可能是真的觉得多数人的观点正确，心服口服；也有可能是内心不服，但碍于外界的压力，只得违心地服从多数人的意见；还有可能就是根本没有任何想法，完全盲目从众。

可以说，从众行为与人数的多少有很大关系，人越多，人们越容易跟从。因为多数人行为的一致性形成一种选择的压力，所以人们才在心理上屈从于这种压力，与多数人保持一致。当然，从众也与个人的判断能力、评判标准和文化背景有关系。如果一个事物的评判标准很模糊，人们多数会选择与群体一致。但你正好具备这方面的专业知识，这时你很可能不会盲目从众。

客观地说，从众心理既有积极意义，又具有消极意义。积极的一面是有助于学习到前人的一些智慧和经验，增长自己的知识，消除故步自封，拓宽视野；消极的一面就是它严重抑制了个性的发展，扼杀了人的创造能力，使人在墨守成规的环境中生存，缺乏自我主见。所以，是否真的要少数服从多数，还是要问问你的内心。慎重考虑多数人意见的同时，也要有自己的思考，具体问题具体分析，做出正确的判断，以此来决定自己的行动。

生活中我们要扬从众的积极面，避从众的消极面，努力培养和提高自己独立思考和明辨是非的能力。遇事和看待问题，既要慎重考虑多数人的意见和做法，也要有自己的思考和分析，并以此来决定自己的行动。凡事或都“真从众”或都“反从众”都是不可取的。

拆屋效应——巧妙地让别人接受自己的要求

鲁迅先生曾于1927年在《无声的中国》一文中写道："中国人的性情是总喜欢调和，折中的。譬如你说，这屋子太暗，须在这里开一个窗，大家一定不允许的。但如果你主张拆掉屋顶，他们就会来调和，愿意开窗了。"这种先提出很大的要求，接着提出较小、较少的要求，在心理学上被称为"拆屋效应"。打个通俗的比方，就是指有时候我们需要在一开始就抛出一个看似无理而令对方难以接受的条件，它能让你在一开始就占据比较主动的地位。

拆屋效应也是在谈判中常用的并且有效的技巧，有时候我们需要在谈判一开始就抛出一个看似无理而令对方难以接受的条件，但这却并不意味着我们不想继续谈判下去，而只代表一种谈判的策略罢了。这是个非常有效的策略，它能让你在谈判一开始就占据比较主动的地位，但记住这只是"拆屋"，如果想让谈判真正有所进展，不要忘记"开窗"。

2011年10月11日，NBA总裁斯特恩在经过长达7个小时的谈判后仍然未能达成协议，宣布取消新赛季常规赛前两周的比赛。

斯特恩说："谈判取得了一定的成果，但我们之间仍有一道海湾。"没有人真正知道这个"海湾"是什么，有的说是双方纠结于3%的收益分成不愿妥协，有的则认为双方最大的分歧在于资方提出的新的奢侈税政策。对于游戏中的甲乙双方，则是一场关于利益的博弈。在金钱面前，任何一方谈所谓的正义都是可笑的。

大家唯一关心的是NBA停摆何时结束，这场冷战会以怎样的姿态、怎样的结果收场，而这取决于谁对金钱损失的承受力更强。

虽然在漫长的谈判过程中，劳方的姿态一直摆得相当强硬，但真正掌控局面的一直是资方。事实上，这次停摆的始作俑者并不是所谓的经济危机带来的大环境影响，而是老板们认为球员的收入太高，分去了利益的大部分，所以他们试图利用阵痛式的谈判和停摆来为自己争取更有利的协议，以谋取未来更大的利益。

最后，老谋深算的斯特恩祭出“拆屋效应”。事实是，已经有一些球员在私下里表示可以接受“开窗”了，他们认为，如果有一些细节限定，五五分成是公平的。这是球员阵营态度分化的信号。最终大部分球员要求停止危险的对抗，恢复了比赛。资方取得了谈判的最后胜利。

拆屋效应在日常生活和工作中经常会碰到，一方面我们常常会不经意走进别人设定的拆屋效应陷阱，另一方面我们也在有意无意地利用拆屋效应来实现目标。如果你的一个要求别人很难接受，在此之前你不妨试试提出一个他更不可能接受的要求，或许你会有意外的收获。

赫拉克勒斯效应——学会避免两败俱伤

希腊神话故事中有位英雄大力士叫赫拉克勒斯。一天，他走在坎坷不平的路上，看见脚边有个像鼓起的袋子样的东西，很难看，赫拉克勒斯便踩了那东西一脚。谁知那东西不但没有被赫拉克勒斯一脚踩破，反而膨胀起来，并成倍成倍地加大，这激怒了英雄赫拉克勒斯。他顺手拎起一根碗口粗的木棒砸向那个怪东西，让人震惊的是，那东西竟膨胀到把路也堵死了。

赫拉克勒斯奈何不了它，正在纳闷，一位圣者走到赫拉克勒斯跟前对他说："朋友，快别动它了，忘了它，离它远去吧。它叫仇恨袋，你不惹它，它便会小如当初；你若侵犯它，它就会膨胀起来与你敌对到底。"仇恨正如赫拉克勒斯所遇到的这个袋子，开始很小，如果你忽略它，矛盾化解，它会自然消失；如果你与它过不去，加恨于它，它便会加倍地报复。

生活中经常出现这样的现象：由于误解或嫉妒，两个人之间有了矛盾，这时候，如果你想报复对方，就会加深对方对你的仇恨，有可能导致对方挖空心思加害于你；如果你还不罢休，他就会更加恶毒地报复你。在这个过程中，你心中的敌意越深，对方对你的报复可能就会越狠毒，直到两败俱伤。这样的现象延伸出来就是"赫拉克勒斯效应"。

紫斑鱼是海洋里最为漂亮的一种鱼，它身上五光十色，阳光一照，闪闪发光。如此美丽的紫斑鱼，全身却长满了针状的尖刺，大小类似酸枣刺，又尖又硬，刺上带有一种毒素，这是紫斑鱼用来攻击其他鱼类的武器，不管什么样的海底动物，一旦被紫斑鱼的尖刺刺中，则无一生还。紫斑鱼是海底世界中浑身长满尖刺的动物代表，且毒性极大。

紫斑鱼在每次攻击其他鱼类时，都要先愤怒起来，以分泌出有效的毒素，也只有愤怒，才能使它身上的毒刺坚硬起来。因此，紫斑鱼的情绪越激烈，身体上的尖刺也就越坚硬，而越坚硬，它就会越愤怒。愤怒的情绪总是先伤害自己。所以越愤怒，紫斑鱼也就越容易被自己伤害。因此，紫斑鱼大多寿命较短，一条紫斑鱼在通常情况下能活七八年，而实际上很多紫斑鱼都活不到两年。因为紫斑鱼通常是死于自己的愤怒。

有时，你的愤怒情绪将会影响你做事的成败。成大事者是不会被愤怒情绪所左右的。在关键时刻不能让你的怒火左右情感，不然你会为此付出惨痛的代价。在现实生活中，也不乏因生气、盛怒而身亡者。俗话说：“一碗饭填不饱肚子，一口气却能把人撑死。”人因愤怒而死亡的事屡见不鲜。承受痛苦压抑了人性本身的快乐，但成功往往就是在你承受了常人承受不了的痛苦之后，才会在某个方面有所突破，实现最初的梦想。可惜，许多时候，我们总是差那一点点，因为些许的不顺而怒火中烧，这也正是很多年轻人的缺陷。

“人生一世，草木一春”，短短的几十年人生，何不让自己活得快活一点，潇洒一点，何必整天为一些鸡毛蒜皮的小事生闲气呢？如果遇到中伤或误解的事，气量大一点，装装糊涂，别人生气我不气，一场是非之争就会在不知不觉中消失，你也落得潇洒，而等到最终水落石出，别人还会更加敬重你这个人。

在现实生活中，让人生气的事是随时可能发生的。但作为一个有头脑的冷静的人，为了更好地、安宁地生活和工作，理智地处理各种不愉快，就需要控制愤怒。如果不忍，任意放纵自己的感情，首先伤害的是自己。如对方是你的对手、仇人，有意气你、激你，你不忍气制怒，保持头脑清醒，就容易被人牵着鼻子走，中别人的计，到头来弄个得不偿失的下场。比如，三国时的周瑜就是一例。所以，孔子云："一朝之忿，忘其身以及其亲，非惑欤？"言下之意即因一时气愤不过，就胡作非为，这样做显然是很愚蠢的。愤怒体现的是理性的不健全。愤怒到极限时，最容易导致理性的丧失，说出本来不该说的话，做出本来不该做的事。所以，要学会控制自己的情绪，不要轻易发怒。

如果你是一个易于愤怒却不善于控制的人，建议你不妨设一本愤怒日记，记下你每天的愤怒情况，并在每周作一个小总结。这样一来，就会使你认识到什么事情经常引起你的愤怒，了解处理愤怒的合适方法，从而使你逐渐学会正确地疏导自己的愤怒。

增减效应——要学会一点点地添入

在人际交往中，我们总是喜欢那些喜欢我们的人，排斥那些不喜欢我们的人。然而，人是复杂的，其态度不是一成不变的，当对方对我们的态度在喜欢和不喜欢之间变化时，我们会有什么样的反应呢？为此，心理学专家们做了一个实验。

实验志愿者为 80 名大学生，将他们分成四组，每组志愿者都有七次机会听到某一同学（心理学专家预先安排的）谈有关对他们的评价。其方式是：第一组为贬抑组，即七次评价只说缺点不说优点；第二组为褒扬组，即七次评价只说优点不说缺点；第三组为先贬后褒组，即前四次评价专门说缺点，后三次评价则专门说优点；第四组为先褒后贬组，即前四次评价专门说优点，后三次评价则专门说缺点。当四组志愿者都听完该同学对自己的评价后，心理学专家要求他们各自说出对该同学的喜欢程度。结果发现，最喜欢该同学的竟是先贬后褒组而非褒扬组，因为前者普遍觉得该同学如果只是褒扬或先褒后贬均显得虚伪，而先贬后褒则显得客观、有诚意。

实验的结果使心理学专家们提出了人际交往中的“增减效应”，即我们最喜欢那些对我们的喜欢不断增加的人，最不喜欢那些对我们的喜欢不断减少的人；一个对我们的喜欢逐渐增加的人，比一贯喜欢我们的人更令我们喜欢。

大学毕业后，赵刚和李凯进了同一家公司的不同部门。刚进公司时，赵刚表现平平，大家都说："名牌学校毕业的他，难道就是这种水平？"后来，连他的主管也怀疑自己是否招错了人。可两个月后，他开始给人们意外，先谈下一个不小的单子，然后逐渐给人大的惊喜，开始独立做业务。大家开始说："这个人真是个人才！刚来时不熟悉公司、不熟悉行业，现在上手了，能力也显示出来了。"领导也很开心，认为自己调教出了一个有用之才。

而李凯呢，生怕得不到大家的认可，刚进单位时，他就下决心好好表现，准备给领导和同事留下一个好的印象。他每天都勤勤恳恳地工作，不仅做自己的事情，还主动帮同事干活。到了周末，大家都不愿意加班，只有他主动要求加班。对于新人小李的表现，同事们有两种意见：一种意见，认为小李办事灵活，工作认真又能吃苦，对他评价很高，期待值也很高；另一种意见，认为小李是在作秀，有表演成分，过几天就会露出懒惰的原形。

两个月过去了，李凯感觉自己坚持不下去了。由于没有足够的耐心，他开始时的那种工作热情渐渐退却。他开始懈怠了，见同事们上班聊天儿，他也跟着聊天儿；做工作也没原来那么认真了，能不加班就不加班；偶尔还会对领导安排的任务抱怨一下。结果，原本看好他的同事也不支持他了，认为他太令人失望；原来不看好他的同事则更加坚信他"不过如此"。因为降低了领导对自己的期望值，他毁掉了自己的前途。

身处办公室，年轻人应该懂得"先抑后扬"的处世方法，让别人对你的好感慢慢增加，而不是让别人对你逐渐失望。当然，一定要把握好度，不然，一旦有一次表现不当，就可能使他人对自己的良好印象发生逆转，从惊喜变成失望。同样，在人际交往中也要注意同样的问题。我们在人际交往中不能机械地照搬增减效应。因为我们在评价他人时，所涉及的具体因素很多，仅靠扬与抑的顺序变化不能说明一切问题。而且我们评价他人时不根据具体对象、内容、时机和环境，一概采取先抑后扬的方法，往往会弄巧成拙。尽管如此，这种增减效应仍然有其合理的心理依据：任何人都希望对方对自己的喜欢能“不断增加”，而不是“不断减少”。

在人际交往中不妨运用增减效应，或许会使你成为受欢迎的人。当你评价他人时，可以先说对方一些无伤尊严的小毛病，然后再恰如其分地给予赞扬；当你新到一个单位时，可以先给人平凡的印象，然后再逐步施展自己的才华；当你做销售员，称货给顾客时，切莫先抓一大堆放在秤盘上再一点点地拿出，而要先适量抓一小堆放在秤盘里再一点点地添入……

想做到先抑后扬，要特别注意下面这两条：

1. 在目标没有达成之前，千万不要过早地炫耀

一些急功近利的年轻人都是急性子，热衷于表现自己，刚定下一个目标，就开始对人炫耀：“我准备考研了”“我一定要拿下这个客户”“半年之内我要拿到会计证”……尽管你只是一说，别人也只是一听，谁也不会随时关注你的情况，但是，假如你最后没有做到，那别人对你的印象就会大打折扣；相反，如果你没有夸下海口，却悄悄地做到了，便会被大家所认可。

2. 不断充实自己，以提高别人对自己的期望值

李嘉诚曾说：“给别人的比别人期待的多一些。”想要满足大家的期待，你就要不停地努力，不停地学习，不停地工作。只要承诺的事情，即便再困难也要尽力做到。千万不要对同事，尤其是对领导说大话，更不要让别人失望。让别人失望一次，你在对方心中的形象就会损毁一点。当大家对你彻底失望时，你的职场之路也就走到尽头了。

投资篇

心理学可以使你的投资如鱼得水

正确的金钱观——财富非理不可

人的一生都离不开理财，短期的日常消费，中期的物质、精神方面的投资，长期的养老防病等方面的计划，这些都和每个家庭、每个人的生活幸福息息相关。我们必须意识到理财的重要性，制订一套适合自己家庭的理财计划，以达成自己的生活目标。

小张今年 24 岁，本科毕业，工作刚满一年，找了一份相对比较稳定的工作，月薪大概 4600 元；邻居家的小李，今年 23 岁，专科毕业，同样也是工作，一个月收入只有 3600 元左右。按常理说，小张每月收入比小李要多出 1000 块钱，应该比小李更具备理财的条件。但是半年后，小李存下了 4000 元，而小张却只存下了不到 300 元。这究竟是为什么呢？原来小张虽然工资比小李高，但他在衣食住行上的开销都要比小李高出很多，在平时消费的时候没有计划。由于性格开朗活泼，还要在健身、旅行、购置自己喜爱的电子产品方面拿出一大笔支出，粗略算下来，基本生活消费加上频繁的娱乐消费，小张的 4600 元月收入已经是所剩无几。

那么小李呢？他虽然工资并不是很高，但是一切消费支出都是有计划的，每月的基本生活消费控制在 800 元以内。此外，小李生活节俭，并没有抽烟喝酒等不良嗜好，他很喜欢看书，所以每个月都会花 100 元左右买书学习。这样算下来，小李半年能节余 4200 元

左右，于是，小李将4000元转成了一年期定期存款。

在我们的日常生活中，比小张会挣钱的大有人在，比小李薪水还要少的人也有很多。然而真正精于理财的人还是非常少的。有些人挣得多花得也多，有的人挣得少就开始抱怨自己无财可理。千万不要再拿这样那样的借口当挡箭牌了，有钱要理财，没钱就更要理财。哪怕每月仅从你的薪水里拿出部分的资金，在银行开立一个零存整取的账户，20年后本金加上利息，都会是一笔可观的财富。

理财面前人人平等，它不问早晚，不分年龄，更不看你是富有还是贫穷。正所谓："你不理财，财不理你。"当你对它有所期望、有所行动的时候，财富才会向你微笑，向你招手。只要你能够坚持，只要你能够顺应它的规律，就一定能够达到事半功倍的效果。为自己的财富之店添砖加瓦，使自己拥有一个既轻松又安乐的人生。

其实这个世界上没有永远的穷人，同样也没有永远的富人。无论你现在有钱还是没钱，都是相对而言的。也许几年前你算得上是一个比较有钱的人，但是几年后倘若你拥有的财富仍然保持在原有的水平上，甚至还在此基础上有所消耗，那么你可能就不知不觉地跨入穷人的行列了。时代在不断地发展，今天不代表明天更不代表未来，倘若你安于现状，不再开动脑筋，你就一定会被这个世界淘汰，要知道安逸的人生是建立在强大的经济保障基础上的，几年以后谁也不敢保证自己还是原来的样子，当然你的财产也是如此。

人在探索中不断成长，就拿一个刚刚毕业的学生举例。当他一个人生活的时候，自己的薪水是够用的，但是随着年龄的不断增长，他结了婚，有了孩子。为了生活环境好一些，他决定买车、买房。这时候仅靠两个人的薪水生活是远远不够的。每个月必须到银行缴纳按揭款，必须为孩子储备丰厚的教育基金。细细想来这都是不小的开支，仅靠自己可怜的薪水肯定是不够的。那么我们又该怎么办呢？由此看来，理财真的要越早越好。只有早一步投资、理财，才能使自己的生活更加美好，以至于达到真正的无忧无虑。

然而，现在有很多年轻人并不是这样认为的，有了一笔可观的收入，还处于未婚的年龄，他们总是贪图享乐，不为自己的今后考虑，到了年底一总结只有两个字“没钱”。在他们的眼中没有钱就不能理财，却不知道财就在他们一年的消费中悄然流逝着，没有碰到急事还好，碰上了就会不知所措。这种心理并不仅存在于少数人的心中。的确，该享受的时候我们是应该多享受一些，但也要保证自己的收支平衡，理财完全可以帮我们做到这一点，关键就看你是否真的要去做。

此外，还有一部分人在理财的认知上出现了问题。在他们的眼中，理财是有钱人的事情，跟自己没有太大关系，这种“有钱人才有资格理财”的观念是绝对错误的。我们可以想一下，富豪还是少数，大部分人都还处于工薪阶层的行列。想实现自己的“小资”生活，就一定要借用理财为利器，将自己手头的财富像滚雪球一样越滚越大。不管你是哪个阶层，都可通过理财完成梦想。常言道“滴水成河”“聚沙成塔”，说的就是这个道理。

在我们的日常生活中，很多人都认为理财就是一种投资赚钱的手段。这是一种狭隘的理财观念，如果你总是抱着这种观点去理财，一定会大失所望。理财的关键就在于善用钱财，追求投资利益仅仅是理财的一个方面，它更注重的是人生规划、养老规划、投资规划、风险管理规划、遗产规划等一系列的人生整体规划。因此，我们可以看到，理财包括投资，但不仅仅只有投资那么简单。它的终极目的是帮助你有效地利用手里的每一分钱，抓住每一个对你来说意义非凡的投资机会。

所以不管你钱多钱少，理财都很重要。它能帮你增加财富，变得更加富足。想要享受生活，首先就要学会理财，不要用消极的态度去经营自己的财富，只要你愿意，身边会有很多理财的机会。

良好的心态——功到自然成

华尔街有句古老的格言："市场由两种力量推动——贪婪与恐惧。"这种说法没错，但是过于简单了。人们的思想和情绪非常复杂，用"贪婪与恐惧"几个字不能概括影响人们投资决策的全部心理。其实投资就像养生，必须拥有一个平和的心态，才能稳扎稳打地获得胜利。

在投资中，收益和风险是形影相随的，收益以风险为代价，风险用收益来补偿。一般来讲，风险越大的产品，其要求的收益率越高；反之，收益率越低。但投资者不能盲目地认为风险越大收益就一定越高，由于受到各种因素的影响，有些投资产品风险高，而收益并非如投资者期待的那样也高。

人们在谈论投资理财时，常常希望今天投资，明天就能够获得好的回报。这种心情其实也很容易理解，问题是这样的好事在现实中往往很难碰到。

常言道："有得必有失。"投资者的心态应该放平和，把目标放远一些，不要贪图眼前的得失，我们一定要知道投资理财本身就存在着风险性，怎样降低这种风险性从而得到更好的利润才是我们最需要考虑的问题。当然我们心里应该平衡一些，不要看着势头好就把自己全部家当都投入进去，在势态不利的时候就过于消极，这个世界上很多事情都在发生着微妙的变化，要以不变应万变，所以心态就显得尤为重要。

投资理财让我们体会到，人生在世，我们所追求的并不是财富，而是人生的价值和意义。金钱只不过是我们的身外之物，生不带来，死不带去。金钱存在银行里，只不过是银行卡中的数字而已，也仅仅是一种虚幻的数字。要深切理解和体会你的投资是为了什么，不要盲目超过你设定的范围，更要时刻让自己明白人生的价值和意义。

林军和杨辉是股市上认识的好朋友，他们都希望在股市里拿到高收益。一次股市正处于牛市阶段，林军不顾一切地把全部家当投到了股市，心想这回一定可以发一笔大财了，结果没过多久就被套牢了，这让他很受打击。而杨辉呢，也赔了不少，但是他还把自己的钱财投资到了房产和保险产品上，尽管在股市里操作失败了，但是其他的收入还是可以贴补家用，时机成熟以后他又把能聚拢的资金再度投入到股市，不但拿回了本金，还得到了一份很丰厚的收益。看到这里我们不难发现，钱是要赚，但是要有个度，不要拿自己的一切做赌注。

股市价值的提升是投资的基础，这样获得的收益一般具有长期性和可持续性。我们希望的投资收益是来自企业本身价值的提升，而不是来自市场的波动。

每个人的财富都要经历由少到多循序渐进的积累过程，而时间对于财富来说具有一种神奇的效应。回顾一下你资产的持有时间分别是多少，是不是最长的那个增值最多？可能多数人的回答是肯定的。正因为房子的变现困难，反而给你带来了财富。

第一，在进行交易决策的时候，要保持良好心态，要做好计划，既要有耐心，又要坚定信心，大胆果断。如果你对汇率走势有信心，最好不要计较小小的差价，该买的买，该抛的抛，把握最好的时机。犹豫不决往往耽误时机，该赚的赚不到，不该亏的却亏了，市场就是这样捉弄人。如果你预测目前是盘整走势，那么在汇率没有到盘整区间底部的时候，一定要克制内心的冲动，不要轻易出手。宁可靠边观察，也不宜贸然跟进，以免跌落陷阱。

第二，在你的投资选择与市场运行方向相反时，保持良好的心态更为重要。如果你屡买屡套或一卖即涨，只要你按照自己的计划进行止损保护交易，就完全不必懊恼。如果这时你心态失衡，失去的想马上赚回来，往往会使投资不理智，带着“赌”的心态去博的话，最终只能是赚钱不成又赔钱。因此，在不冷静的时候，冲动往往使人做出错误决断，从而招致巨大的损失。这时的你更需要休息，从而忘记过去，以全新的状态进行投资。

不管怎样，中国有句古话叫作“功到自然成”。只要我们摆正心态，客观地看待金钱和人生，相信在不久的将来我们每个人都会收获一份不小的财富。

成本因素——正视风险与收益的关系

在商业运营过程中，风险与盈利成正比。高风险意味着高回报。人们对机会把握的能力基本差不多，但有些人在看到机会的同时，也被伴随机会的风险弄得患得患失，犹豫不决，或是在那一点点风险面前反应迟钝，使机会在自己面前溜走。

风险和利润是同在的。想要赚钱，却又不想冒风险，那是绝对不可能的。会赚钱的商人都知道风险在所难免，但他们充满自信，在风险中抓住机会，获得成功。这种冒险就是一种资本。不拘于常规，采取非常行动，这样才有大获全胜的可能。当然，这种冒险不是一味地蛮干，而是采取一种特别的方略，把成功进行到底。

有人说，投资有风险，高收益伴随着高风险，低风险也必然导致低收益。这个观点本身并没有错，但这是对一般情况而言。实际上，如果有正确的投资理念和投资策略，也会实现低风险下的高收益。如果投资方法不当，也会出现高风险下的低收益甚至负收益。

首先，我们要明白投资风险是什么。投资风险就是人们为了获取高额的投资回报而宁愿暂时忍受一些自己有能力承担的损失。譬如在股市下跌到快要见底时，主动买套进行投资的行为。巴菲特就常常这样做。虽然当时他买进股票时马上就遭受到一定的损失，但长期来看，他的收益是无人能望其项背的。其次，我们要明白风险是可控的，即我们要能够管理风险，要在可以预见的低风险状态下投资高收益的投资品种。譬如股市是一个高风险的市场，但如果股市不断下跌，许多股票投资价值凸现的时候，对有投资价值的股票进行投资就会实现低风险下的高收益。这时我们要有承受股票继续下跌的勇气，主动买套，长期持有，这样才能获取低风险下的高投资回报。又如经过长期熊市的下跌，大盘指标在底部发出牛市信号时，虽然股市还会在底部震荡，但股市长期向上的趋势已经确立，此时如果我们不知道投资什么股票为好，可以借助股票型基金介入股市，就能充分享受牛市上涨带来的丰厚收益，实现低风险下的高投资回报。

有人认为，高风险必然会产生高收益。这个观点是错误的。高风险有时确实能带来高收益，但这只是概率很小的高收益，而且这个高收益是以多数人的失败为代价换来的。由于概率很小，投资者如果希望冒这种风险来获取高收益，那么很可能不仅无法获利，反而会深受其害。

一般而言，像房地产的长期投资，都是低风险高收益的投资，而期货、短线操作股票等却是高风险低收益的投资。所以要积极投入到那些低风险高收益的投资品种中并勇于承担其所伴随的风险，完全回避那些高风险低收益甚至负收益的投资品种，才能真正控制投资风险，积累财富。

对于一个有魄力的人来说，赚钱干事业就是一种冒险的乐趣。不冒险就永远不会有大胜利，要求什么错都不犯，这正是什么也做不成的原因。一个商人要想有卓越的成果就要敢冒风险。

神话和现实往往只在一念之间，纵观那些辉煌成功案例的背后，我们可以发现他们都有一个共同的特质，那就是敢于冒险。有人说，没有冒险就没有成功者，这句话虽然说得有些绝对，但从中我们可以发现，冒险在某种程度上意味着成功的开始。

成功一定要冒险，但冒险不一定能够成功。所以在投资市场上，冒险要冒那些可以控制的风险，要明白风险的底线并且自己能够承受这样的底线。

博傻理论——不要期望有比自己更大的笨蛋

经济学家凯恩斯为了能够专注地从事学术研究，免受金钱的困扰，曾出外讲课以赚取课时费，但课时费的收入毕竟是有限的。于是他在 1919 年 8 月，借了几千英镑去做远期外汇这种投机生意。仅仅 4 个月的时间，凯恩斯净赚 1 万多英镑，这相当于他讲课 10 年的收入。但3个月之后，凯恩斯把赚到的利润和借来的本金输了个精光。7 个月后，凯恩斯又涉足棉花期货交易，又大获成功。凯恩斯把期货品种几乎做了个遍，而且还涉足股票。到 1937 年他因病而“金盆洗手”的时候，已经积攒起一生享用不完的巨额财富。与一般赌徒不同，作为经济学家的凯恩斯在这场投机的生意中，除了赚取了可观的利润之外，最大也是最有益的收获是发现了“笨蛋理论”，也有人将其称为“博傻理论”。

博傻理论是指在资本市场中（如股票、期货市场），人们之所以完全不管某个东西的真实价值而愿意花高价购买，是因为他们预期会有一个更大的笨蛋会花更高的价格从他们那儿把它买走。博傻理论告诉人们：在这个世界上，傻不可怕，可怕的是做最后一个傻子。

博傻理论所要揭示的就是投机行为背后的动机，投机行为的关键是判断“有没有比自己更大的笨蛋”，只要自己不是最大的笨蛋，那么自己就一定是赢家，只是赢多赢少的问题。如果再没有一个愿意出更高价格的更大笨蛋来做你的“下家”，那么你就成了最大的笨蛋。可以这样说，任何一个投机者信奉的无非是“最大的笨蛋”理论。他们认为，股票市场上的一些投资者根本就不在乎股票的理论价格和内在价值，他们购入股票的原因，只是他们相信将来会有更傻的人以更高的价格从他们手中接过“烫山芋”。支持博傻的基础是投资大众对未来判断的不一致和判断的不同步。对于任何部分或总体消息，总有人过于乐观，也总有人趋向悲观，有人过早采取行动，而也有人行动迟缓，这些判断的差异导致整体行为出现差异，并激发市场自身的激励系统，导致博傻现象的出现。

博傻行为，可以分成两类，一类是感性博傻，另一类是理性博傻。前者在行动时并不知道自己已经进入一场博傻游戏，也不清楚游戏的规则和必然结局。而后者则清楚地知道博傻及相关规则，只是相信当前状况下还有更多更傻的投资者即将介入，因此才投入少量资金博一把。理性博傻能够赢利的前提是，有更多的傻子来接棒，这就是对大众心理的判断。当投资大众普遍感觉到当前价位已经偏高，需要撤离观望时，市场的真正高点也就真的来了。“要博傻，不是最傻”，这句话说起来简单，但做起来却不容易，因为到底还有没有更多更傻的人是并不容易判断的。一不留神，理性博傻者就容易成为最傻者，谁要他加入了傻瓜的候选队伍呢？所以，要参与博傻，必须对市场的大众心理有比较充分的研究和分析，并控制好心理状态。

鳄鱼法则——止损是勇气更是智慧

假定一只鳄鱼咬住你的脚，如果你试图用手去挣脱你的脚，鳄鱼便会同时咬住你的脚与手。你越挣扎，就被咬住得越多。所以，万一鳄鱼咬住你的脚，你唯一的办法就是牺牲一只脚。由于人性天生的弱点，时时不自觉地影响我们的操作，一次大亏，足以输掉前面99次的利润，所以严格遵守止损纪律便成为确保投资者在风险市场中生存的唯一法则。止损是证券投资的一项基本功，也是美国投资界一个有用而简单的交易法则，这就是“鳄鱼法则”。

《战国策》中讲述过这样一个故事：山间小路上，一只老虎误入猎人设置的索套中，挣扎了很长时间，都没能使自己的脚掌从索套中解脱出来，眼见着猎人一步一步逼近，老虎奋力咬断了那条被套住的腿，忍痛逃离了危险。

牺牲一条腿来保全自己的生命，是一个非常无奈但却十分明智的选择。可是生活中，很多人都会下意识地挣扎和坚持，无法放弃或停止已经失去价值而且会带来更大损失的行为。

美国哈佛大学哲学家和心理学专家W. 詹姆斯说：“承认既定事实，接受已经发生的事实，这是应付任何不幸后果的先决条件。”如果已经认识到了事情的错误和后果，却因为不能面对损失而饮鸩止渴，总是怀揣侥幸，多半是心理不成熟的表现。人生真正的成长就在于真正有勇气来改变可以改变的事情、有胸怀接受不可改变的事情、有智慧分辨两者的不同。

麦肯锡资深咨询顾问奥姆威尔·格林绍说："我们不一定知道正确的道路是什么，但不要在错误的道路上走得太远！"这句话可以说是对鳄鱼法则的经典概括。

波动性和不可预测性是市场最根本的特征，这是市场存在的基础，也是交易中风险产生的原因，是一个不可改变的特征。交易中永远没有确定性，所有的分析预测仅仅是一种可能性，根据这种可能性而进行的交易自然是不确定的，不确定的行为必须有措施来控制其风险的扩大，止损就这样产生了。

止损是人类在交易过程中自然产生的，并非刻意为之，是投资者保护自己的一种本能反应，市场的不确定性造就了止损存在的必要性和重要性。成功的投资者可能有各自不同的交易方式，但止损却是保障他们获取成功的共同原则。索罗斯说过，投资本身没有风险，失控的投资才有风险。学会止损，千万别和亏损谈恋爱。止损远比盈利重要，因为任何时候保本都是第一位的，盈利是第二位的，建立合理的止损原则相当有效，谨慎的止损原则的核心在于不让亏损持续扩大。

明白止损的意义固然重要，然而，这并非最终的结果。事实上，投资者设置了止损而没有执行的例子比比皆是，市场上，被扫地出门的悲剧几乎每天都在上演。止损为何如此艰难？原因有三：其一，侥幸的心理作祟。某些投资者尽管也知道趋势上已经破位，但由于过于犹豫，总是想再看一看、等一等，导致自己错过止损的大好时机；其二，价格频繁地波动会让投资者犹豫不决，经常性错误的止损会给投资者留下挥之不去的记忆，从而动摇投资者下次止损的决心；其三，执行止损是一件痛苦的事情，是一个血淋淋的过程，是对人性弱点的挑战和考验。

在股票等资本市场，投资者应该学习鳄鱼捕食的经验，那就是等待，等待，耐心地等待，一直等到时机到来的时候，狠狠地咬一口。之后又是坚持，坚持，再坚持，直到吃上美味的佳肴。这讲究的是一种长线投资思维，不要太过于在意暂时的得失。

禀赋效应——避免到手的东西就是宝的心理

如果需要用一个词来形容禀赋效应，那就是“敝帚自珍”——把自家的破扫帚也当宝贝。

行为经济学的一位重要开创者理查德·泰勒教授，曾经找了一些加拿大的学生做过这样一个实验：

> 第1组：泰勒教授准备了几十个印有校名和校徽的马克杯，这种马克杯在学校超市的零售价是5元，在拿到教室之前，教授已经把标价签撕掉了。泰勒来到课堂上，问学生愿意花多少钱买这个杯子（给出了0.5元到9.5元之间的选择）。第2组：泰勒教授同样地来到第二个教室，但这次他一进教室就送给每个同学这样一个杯子。过了一会儿教授说由于学校今天组织活动开大会，杯子不够，需收回一些。老师让大家每人都写出自己愿意以什么价格卖出这个杯子（给出了0.5元到9.5元之间的选择）。实验结果显示，在第1组中，学生平均愿意用3元钱的价格去买一个带校徽的杯子；而到了第2组，当学生需要将已经拥有的杯子出售时，出价陡然增加到7元钱。

相对于获得，人们非常不乐意放弃已经属于他们的东西。同样一件商品，一旦人们拥有了它，相对于还未拥有这件商品的人而言，会对此商品估计一个更高价。塞勒把这种现象称为“禀赋效应”。

是什么造成了禀赋效应呢？是人们高估了他们所拥有的东西的价值，还是与自己拥有的东西分开会带来痛苦？再看另一个实验。首先，要求学生们对 6 种赠品的吸引力进行排序，然后将一种不太有吸引力的赠品——一支钢笔发给了班上一半的学生，另一半的学生可以选择一支钢笔或者两块巧克力。只有 24% 的学生选择了钢笔。接下来，早先得到钢笔的学生如果愿意的话可以将钢笔换成巧克力。尽管大多数学生将钢笔的吸引力排在巧克力之后，但 56% 早先得到钢笔的学生并没有选择将钢笔换成巧克力。从这里可以看出，人们似乎并没有高估自己所拥有的东西的价值，人们可能更多地是受到放弃自己的东西而产生的痛苦的影响。禀赋效应是损失规避的一种表现形式。

有一家化工厂离居民区很近，这家工厂生产时排放的废气影响到了周围居民的健康。如何解决这个问题呢？按照科斯定理，可以用明晰产权的方法来解决外在性问题，而产权如何分配是无关紧要的。也就是说，法律可以将产权给予工厂，即赋予它污染环境的权利，此时居民为了换取洁净的空气必须向工厂支付一定的费用；而反之，如果把产权给居民，即赋予居民享受清洁空气的权利，那么工厂就必须为环境污染支付给居民一定费用作为补偿。通过两者的讨价还价，最终会有一个有效的解决方案，而这个方案的结果与产权最初归谁是没有关系的。

但如果考虑到禀赋效应，问题就不会这么简单了，因为产权的拥有方倾向于把产权的价值看得更重，很多会选择放弃产权所需要的补偿。在此例中，如果把产权赋予居民，设居民向工厂索要的补偿为 P1，如果把产权判给工厂，设居民愿意支付给工厂的费用为 P2，由于存在禀赋效应，P1>P2；同样，工厂在获得污染环境权利的情况下，向居民要求的补偿会比为获得产权愿意支付的多。产权的买方和卖方的期望价格可能会相差很远，类似前文中的实验描述的情况，即使不考虑其他的交易成本，谈判也很可能破裂，前文的实验已经表明了市场效率的低下。一旦谈判不成功，资源配置就不会像科斯定理期待的那样实现最优化，产权的最终分配结果就完全依赖于最初的分配方案。科斯定理显然没有考虑到禀赋效应对产权交易的影响。

在股票投资中，由于非常害怕损失，股票的拥有者在承受股价下跌时，往往会变得风险偏好，为了避免损失而愿意冒价格进一步下跌的风险继续持有股票，希望有朝一日股价能重新上涨，房地产市场也一样，从而产生一种奇怪的现象：股票或房地产的价格越低，其成交量反而越低，这与传统的经济学的需求曲线是相悖的。一种解释是人们在股价或房价下跌时会预期价格进一步下跌，从而不愿意购买。这是从人们心理角度做出的解释，损失厌恶理论又进一步分析了这种心理产生的原因。所以，在投资理财时，我们一定要擦亮双眼，不要被禀赋效应蒙蔽双眼，认为到手的东西都是宝。

深度依赖法则，真诚是最后的法宝

人都有一定的惰性。人们一旦选择某个事物或方法，就像走上了一条不归路，很容易放弃自主思考、独立思考的机会，形成某种惯性，并沿着这种惯性不断地自我强化，不断地做出相似或相同的选择。而且该惯性越强烈，就越容易使人们放弃寻找新的替代品。这就是深度依赖法则。

在投资过程中，有胆识，有眼光的投资者往往会利用深度依赖法则，有意识地引导客户的行为，直到其形成深度依赖。

现如今，网上支付、移动支付已经成为一种普遍现象，其中支付宝更是成了人们的电子钱包，但最初支付宝的出现和发展并非轻而易举。

随着电子商务的发展，银联支付这个第三方支付平台渐渐不能满足新的需要。2003 年，阿里巴巴成立支付宝业务部，并正式推出了支付宝。支付宝采取的支付模式是：顾客付钱后，钱款转移到支付宝平台，在交易完成且顾客满意的情况下，钱支付给商家。这个模式降低了顾客在淘宝先付费后收货这个网上交易过程中所面临的交易风险。

电子商务越来越深入人心，支付宝也随之不断发展。渐渐地，支付宝几乎成了大部分淘宝客户进行网上支付的首选支付平台，人们会习惯性地在支付宝上买单。

在这个前提下，支付宝的业务开始不断扩展，从依托于淘宝，到成为独立的支付平台；从网上购物，到与外部企业合作，乃至进入公共事业性缴费市场；从最开始的仅仅服务于支付，到后来的理财、透支支付、借呗等，支付宝最终成为人们生活中极为重要的一部分。

在支付宝的发展过程中，阿里巴巴从一开始就引导顾客形成了一种依赖的惯性：付钱给支付宝——购物——收货并满意——付钱给商家。在这个过程中，顾客会认为支付宝是值得信任的。渐渐地，随着支付宝业务的外扩，人们依然会认为支付宝是值得信任的，并延续之前的消费行为。在这种情形下，人们对于支付宝已经形成了深度依赖。也许对于消费者来说，支付宝并非不能取代，但支付宝的存在极大地改变、方便了人们的生活，甚至它本身已经成为了生活中的一部分。可以说，阿里巴巴很好地创造并利用了消费者的依赖心理，最终获取了不菲的财富。事实上，仔细观察、思考我们生活中那些成功的投资者，其成功的背后无不是从建立消费者对产品或服务的深度依赖开始的。

不过，在对深度依赖法则的利用中，无论手段如何，无论结果怎样，真诚都是最后的法宝，它是投资者对消费者乃至于自身的负责、诚信、可靠，能够帮助投资者取得成功，使其走得更远，站得更高。

海尔冰箱自推出以来，就以其良好的服务、过硬的产品赢得了消费者的信赖。提起海尔，人们下意识地就会觉得是优质产品和服务的代名词。而海尔的管理者也很注重对这种认知的维护。一次，有客户向当时的青岛海尔冰箱总厂厂长张瑞敏反映海尔的电冰箱有质量问题。张瑞敏仔细核查后发现原来是有一批海尔冰箱的外观有些划伤，但并不影响使用。事实上，当时很多人都认为这些问题无伤大雅，便宜点也可以卖掉。但张瑞敏却认为，如果允许把这批冰箱卖了，明天就很可能生产出更多不合格的产品，这是对消费者的不负责，等于是在砸自己的牌子。最后，他决定砸掉全部不合格产品，并当着众人的面抡起了第一锤。

正是这种意识和行为，成就了后来闻名海外的海尔品牌，也打造出了海尔“真诚到永远”的品牌形象。有人说，是张瑞敏的一锤，砸出了海尔的好口碑。

即便是商场如战场，即便是人人逐利，真诚也应该是一道底线。正如海尔的例子，真诚是撬动人心的法宝，也是撬动财富的利器。正所谓“君子爱财，取之有道”，在追逐财富、追求成功的过程中，投资者要始终坚持本心，有所为有所不为，坚持该坚持的原则，放弃不当所得，不钻法律的空子，不违背公序良俗，不背离客户的根本利益，才能在投资这场大浪淘沙的战斗中挺立到最后。

经典案例篇

棉花糖实验——情商决定你成就的高低

1960年，著名的心理学专家瓦特·米歇尔做了一个“棉花糖实验”。实验通过观察4岁儿童对果汁棉花糖的反应来预测他们的未来。研究人员将孩子们带到一间陈设简单的房间，告诉每个孩子：“你可以马上得到一颗果汁棉花糖。但是如果你能坚持不拿它直到研究员外出办事回来，就可以得到两颗糖。”有些孩子急不可待，马上把棉花糖吃掉。有些孩子则能耐心等待，暂时不吃棉花糖。他们为了使自己耐住性子，或闭上眼睛不看棉花糖，或头枕双臂自言自语……结果，这些孩子终于吃到两颗棉花糖。

实验之后，研究者进行了长达14年的追踪，继续研究参加这个实验的孩子们，一直到他们高中毕业。跟踪研究的结果显示：那些能等待并最后吃到两颗棉花糖的孩子，在青少年时期仍能等待机遇而不急于求成，他们具有一种为了更大更远的目标而暂时牺牲眼前利益的能力，即自控能力。而那些急不可待只吃一颗棉花糖的孩子，在青少年时期，则表现得比较固执、虚荣或优柔寡断，当欲望产生的时候，无法控制自己，一定要马上满足欲望，否则就无法静下心来继续做后面的事情。换句话说，能等待的那些孩子的成功率远远高于那些不能等待的孩子。对这些孩子分两组进行学术能力倾向测试的结果表明，那些在棉花糖实验中坚持较长时间的孩子平均得分高达210分。

这个实验说明：情商决定了成就的高低。情商（EQ）又称情绪智商，是近年来心理学专家们提出的与智力和智商相对应的概念。它主要是指人在情绪、情感、意志、耐受挫折等方面的品质。以往认为，一个人能否在一生中取得成就，智力水平是第一重要的，即智商越高，取得成就的可能性就越大。但现在心理学专家们普遍认为，情商水平的高低对一个人能否取得成功也有着重大的影响，有时其作用甚至要超过智力水平。

那么，到底什么是情商呢？美国心理学专家认为，情商包括以下几个方面的内容：一是认识自身的情绪。因为只有认识自己，才能成为自己生活的主宰。二是能妥善管理自己的情绪。即能调控自己。三是自我激励。它能够使人走出生命中的低潮，重新出发。四是认知他人的情绪。这是与他人正常交往，顺利实现沟通的基础。五是人际关系的管理。即领导和管理能力。总的来说，一个高情绪智商的人，应该是一个能够成熟地调控自己情绪和情感的人，从而也就具备了调节别人情绪的能力。

想要控制情绪，就需要先了解情绪。情绪其实具有两极性，如积极和消极情绪，激动和平静情绪等。同时，由于情绪的强弱程度，情绪的表现形式多种多样，各种不同的情绪表现形式都可用来作为度量情绪的尺度，如情绪的紧张程度、情绪的激动程度、情绪的快感程度等。积极和消极的情绪就是情绪两极性的典型表现。积极、愉快的情绪使人充满信心，努力工作；消极的情绪如悲伤、郁闷等，则会降低人的行为效率。

许多人在校时成绩很好，毕业后却碌碌无为。他们经常抱怨与人难以相处，得不到上司的赏识，在生活中处处碰壁，有些人甚至心态失衡而走上歧途，究其原因也是情绪智商低。而一些在校时成绩平平，被认为智商一般的学生，毕业后却如鱼得水，成为独占鳌头的领导者，因为他们能够适应周围环境，抓住机遇。更重要的是，他们善于把握和调整自己的情绪，善于把握和适应领导者的愿望和要求，善于处理自己周围的人事关系，因而他们成功了。

达尔文在他的日记中说："老师、家长都认为我是平庸无奇的儿童，智力也比一般人低下。"但他成了伟大的科学家。爱因斯坦在1955年的一封信中写道："我的弱点是智力不好，特别苦于记单词和课文。"但他成了世界级的科学家。亚历山大·冯·洪堡上学时的成绩也不好，在一次演讲中他说道："我曾经相信，我的家庭教师再怎样让我努力学习，我也达不到一般人的智力水平。"可是，二十多年后他却成了杰出的植物学家、地理学家和政治家。

凯文·米勒小时候学习成绩不好，高中毕业时靠着体育方面的才能，才勉强进入芝加哥大学学习。许多年后，在他公开的日记中有这样的记述："老师和父亲都认为我是一个笨拙的儿童，我自己也认为，其他孩子在智力方面比我强。"可是，凯文·米勒经过多年的努力，却成了美国著名的洛兹集团的总裁。

现代研究已经证实，情商在人生的成功中起着重要作用，智商只有与情商联袂登台，才能淋漓尽致地发挥作用。在许多领域富有成就的成功人士当中，有相当一部分在学校里被认为智商并不太高，但他们充分地发挥了他们的情商，最后获得了成功。

你就是最好的——一句话改变一生

卡耐基小时候是一个公认的非常淘气的男孩。在他9岁的时候，他父亲把继母娶进家门。当时他和父亲居住在维吉尼州乡下，贫苦不堪，而继母则来自较好的家庭。

他父亲一边向他继母介绍卡耐基，一边说："亲爱的，希望你注意这个全社区最坏的男孩，他可让我头疼死了，说不定会在明天早晨以前就拿石头扔向你，或者做出别的什么坏事，总之让你防不胜防。"

出乎卡耐基意料的是，继母微笑着走到他面前，托起他的头看着他，用纤细的手怜爱地轻轻抚摸卡耐基的头。她看着丈夫说："你错了，他不是全社区最坏的男孩，而是最聪明，但还没有找到发泄热情地方的男孩。"

继母说得卡耐基心里热乎乎的，眼泪几乎滚落下来。就是凭着她这一句话，他和继母开始建立友谊。也就是这一句话，成为激励他的一种动力，使他日后创造出成功的"28项黄金法则"，帮助了千千万万的普通人走上成功和致富的光明大道。因为在他继母来之前，没有一个人称赞过他聪明。他的父亲和邻居认定他就是坏男孩，但是继母只说了一句话，便改变了他的命运。

卡耐基14岁时，继母给他买了一部二手打字机，并且对他说，相信他会成为一位作家。他接受了她的想法，并开始向当地的一家报纸投稿。他了解继母的热忱，也很欣赏她的那股热忱，他亲眼看到她是如何用她的热忱来改善他们家庭的。

继母的这股力量激发了他的想象力和创造力，帮助他和无穷智慧发生了联系，使他成为20世纪最有影响力的人物之一。

瓦拉赫效应——诺贝尔奖获得者的成才启示

瓦拉赫是一位诺贝尔化学奖获得者，曾经被许多教师判定为不可造就之才，但之后被化学老师发掘，从而成功发展，直至成为化学界的巨人。

瓦拉赫在开始读中学时，父母为他选择的是一条文学之路，不料一个学期下来，老师对他做了如下评语："瓦拉赫很用功，但过分拘泥，这样的人即使有着完美的品德，也绝不可能在文学上发挥出来。"此时，父母只好尊重儿子的意见，让他改学油画。可是，瓦拉赫既不善于构图，又不会润色，对艺术的理解力也不强。此时，学校的评语对他更是令人难以接受："你是绘画艺术方面的不可造就之才。"

面对瓦拉赫的笨拙表现，当时多数教师除了感叹别无他法。而此时的一位化学教师却与众不同，他认为瓦拉赫在文学、绘画艺术方面虽然表现不佳，但他那一丝不苟的品质是具备做好化学实验的必备条件，建议他试学化学。父亲与他都接受了化学教师的建议，从此学起了化学。这下，瓦拉赫的智慧火花一下被点着了，而且一发不可收，他在化学方面的聪明才智被彻底地发掘出来，一下成为在化学方面公认的"前程远大的高才生"，在同学中遥遥领先，直至最后摘取诺贝尔化学奖，为人们所称颂。

瓦拉赫的成功，说明了这样一个道理：学生的智能发展都是不均衡的，都有智能的强点和弱点，他们一旦发现自己智能的最佳点，使智能潜力得到充分的发挥，便可取得惊人的成绩。这一现象人们称之为“瓦拉赫效应”。

为什么会发生上述这种瓦拉赫效应呢？是什么神奇的力量使瓦拉赫发生如此神奇的变化呢？心理学专家分析其原因不外乎如下几方面：

1. 不同的人存在着不同的潜能

心理学专家加德纳认为，人的智力是多元的，人除了言语／语言智力和逻辑／数理智力两种基本的智力，还有其他七种智力，它们是视觉／空间关系智力、音乐／节奏智力、身体运动智力、人际交往智力、自我反省智力、自然观察者智力和个人内在智力。这九种多元智力在每个人身上都或多或少地存在着，它代表了每个人不同的潜能。这些潜能只有在适当的情境中才能被充分地发掘出来。上述的瓦拉赫就有着与众不同的多元智力，用传统的智力理论来判断，他就是一个智商低弱的人，而用加德纳的多元智力理论来分析，他并不是一个低能者，只不过是他的九种智力组合的方式与众不同罢了。化学教师看到了这一差异，为他创造了有利于他在化学方面发展的潜能环境，从而使他的九种智力组合而成的潜能得到了充分的发展。

2. 闪光点能及时被发现并不断发光

一个人存在着不同的潜能，而且这种潜能还会不时地表现出来。这时就看它有没有被及时地捕捉到，并得到不断的发掘。否则，这种闪光点就会如同天上的流星一闪而过。因此，及时发现闪光点是十分重要的。发现后创造条件让其发展最大潜能也是十分关键的。

在这两点上，瓦拉赫都得到了满足，因此，他如鱼得水，其特殊潜能得到了极速的发展。如果没有化学教师发现他的闪光点，如果没有他父亲的大力支持，那么，瓦拉赫这颗化学巨星就可能成为一颗流星，不复存在。

3. 没有恨铁不成钢的家庭坏环境

瓦拉赫之所以成功还与他有一个良好的家庭环境有关。虽然学校对他的文学、绘画等艺术方面的评定极差，但始终没有影响他父母对他的期望，他们总是那样一如既往地爱他，信任他，相信他能取得成功，并帮助他分析学习失败的原因，使他鼓起勇气，努力学习。这种宽容的家庭环境是他走向成功的重要条件。

松下幸之助说过：“人生成功的诀窍在于经营，良己的个性长处、经营长处能使自己的人生增值，否则，必将使自己的人生贬值。”成功学专家 A. 罗宾也说过：“每个人身上都蕴藏着一份特殊的才能。那份才能犹如一位熟睡的巨人，等待着我们去唤醒他……上天不会亏待任何一个人，他给我们每个人以无穷的机会去充分发挥所长……我们每个人身上都藏着可以‘立即’支取的能力，借助这个能力我们完全可以改变自己的人生，只要下定决心改变，那么，长久以来的美梦便可以实现。”

每个人都有巨大的潜能，只是有的人潜能已经苏醒了，有的人潜能却还在沉睡。任何成功者都不会是天生的，成功的根本原因是开发人的无穷无尽的潜能。只要你抱着积极的心态去开发你的潜能，你就会有用不完的能量，你的能力就会越用越强，你离成功也会越来越近。相反，如果你抱着消极心态，不去开发自己的潜能，任它沉睡，那你就只能叹息命运的“不公”了。

每个人都带着成为天才人物的潜能来到人世，带着幸福、健康、喜悦的种子来到人间。

蝴蝶效应——荷兰郁金香事件

一只南美洲亚马孙河流域热带雨林中的蝴蝶，偶尔扇动几下翅膀，可能在两周后引起美国得克萨斯州的一场龙卷风。初始条件的一个十分微小的变化，经过不断转化放大，其结果可能产生与初始状态差异巨大的变化。这就是著名的蝴蝶效应，也被称为“台球效应”。

1963 年，气象学家洛伦兹从一个试验中总结出了蝴蝶效应，这个效应告诉我们，事物的发展结果和初始条件有很大的关系，初始条件出现极小的偏差，对结果的影响也是巨大的。蝴蝶翅膀一扇动，会让它身边的空气系统发生细微的变化，引起微弱气流，微弱气流又会让四周的空气和其他系统发生一系列的变化，连锁反应最终又导致其他系统的极大变化。

蝴蝶效应在社会学里可以说明：一个坏的机制，哪怕是很小的，如果不加以引导解决，也会造成很严重的后果。同样，一个好的机制，即使很小，只要正确指引，经过一段时间后，将会产生轰动效应。

众所周知，郁金香是荷兰的国花。然而在历史上，荷兰的国花竟给这个老牌资本主义国家带来了一场经济灾难。

郁金香原产于小亚细亚，1593 年，传入荷兰。17 世纪前半期，由于郁金香被引种到欧洲的时间很短，数量非常有限，因此价格极其昂贵。在崇尚浮华和奢侈的法国，很多达官显贵家里都摆有郁金香，作为观赏品和奢侈品向外人炫耀。1608年，就有法国人用价值3万法郎的珠宝去换取一枚郁金香球茎。不过与荷兰比起来，这一切都显得微不足道。

当郁金香开始在荷兰流传后，一些机敏的投机商就开始大量囤积郁金香球茎以待价格上涨。不久，在舆论的鼓吹之下，人们对郁金香表现出一种病态的倾慕与热忱，并开始竞相抢购郁金香球茎。1634年，炒买郁金香的热潮蔓延为荷兰的全民运动。当时1000美元一块的郁金香花根，不到一个月后就升值为2万美元。1636年，一株稀有品种的郁金香竟然达到了与一辆马车、几匹马等值的地步。面对如此暴利，很多人都冲昏了头脑。他们变卖家产，只是为了购买一株郁金香。就在这一年，为了方便郁金香交易，人们干脆在阿姆斯特丹的证券交易所内开设了固定的交易市场。正如当时一名历史学家所描述的："谁都相信，郁金香热将永远持续下去，世界各地的有钱人都会向荷兰发出订单，无论什么样的价格都会有人付账。在受到如此恩惠的荷兰，贫困将会一去不复返。无论是贵族、市民、农民都加入了郁金香的投机。无论处在哪个阶层，人们都将财产变换成现金，投资于这种花卉。"1637年，郁金香的价格已经涨到了骇人听闻的水平。与上一年相比，郁金香总涨幅高达5900%！1637年2月，一株名为"永远的奥古斯都"的郁金香售价高达6700荷兰盾，这笔钱足以买下阿姆斯特丹运河边的一幢豪宅，而当时荷兰人的平均年收入只有150荷兰盾。正当人们沉浸在郁金香狂热中时，一场大崩溃已经近在眼前。由于卖方突然大量抛售，公众开始陷入恐慌，导致郁金香市场在1637年2月4日突然崩溃。一夜之间，郁金香球茎的价格一泻千里。虽然荷兰政府发出紧急声明，认为郁金香球茎价格无理由下跌，劝告市民停止抛售，并试图以合同价格的10%来了结所有的合同，但这些努力毫无用处。一个星期后，郁金香的价格已平均下跌了90%，而那些普通的品种甚至不如一颗洋葱的售价。绝望之中，人们纷纷涌向法院，希望能够借助法律的力量挽回损失。但在1637年4月，荷兰政府决定终止所有合同，禁止投机式的郁金香交易，从而彻底击破了这次历史上空前的经济泡沫。

更悲哀的是，郁金香事件不仅沉重打击了举世闻名的阿姆斯特丹交易所，更使荷兰经济陷入一片混乱。虽然此后郁金香继续在荷兰种植，但这个曾经繁荣一时的经济强国却开始走向衰落。从17世纪中叶开始，荷兰在欧洲的地位逐渐被海峡对岸的英国所取代，而“郁金香现象”则成为世界经济发展史上一个著名的名词。

郁金香事件则是蝴蝶效应的一种体现。在生活中，蝴蝶效应给我们的启示是：及时解决小问题，做到防微杜渐。

西方有这样一首童谣：“失了一颗铁钉，丢了一只马蹄铁；丢了一只马蹄铁，折了一匹战马；折了一匹战马，损了一位国王；损了一位国王，输了一场战争；输了一场战争，亡了一个帝国。”童谣的背后，藏着一个真实的故事。

1485年，英国国王准备在博斯沃斯与里奇蒙德伯爵亨利带领的军队决一死战。这是一场决定谁将统治英国的战役。战斗进行的当天早上，理查三世命令他的马夫备好自己最喜欢的战马。马夫发现国王的马没钉马掌，就立即找到铁匠，吩咐他快点给马蹄钉掌，马上要开战了。铁匠钉了三个马掌后，在钉第四个马掌时发现还差一颗钉子，这样马掌当然不牢固。马夫迅速将这个情况报告给了国王，但大战在即，国王也没太在意。战场上，国王一马当先，领着他的士兵左突右奔，英勇杀敌。

突然间，国王的一只马掌脱落了，战马一声嘶鸣，跌翻在地，国王也重重地摔在了地上。没等他再次抓住缰绳，受了惊吓的马就跳起来逃走了。一见国王倒下，士兵们就自顾逃命，四散奔逃，军队瞬时分崩离析，敌军乘势追击，俘虏了国王理查三世。国王在被俘的那一刻痛苦地说道：“一颗铁钉！一颗马蹄钉！我的国家就毁在这颗马蹄钉上！”这场战役就是有名的博斯沃斯战役。在这场战役中，理查三世失掉了整个国家。

在日常生活中，我们要注意那些看似极其微小的事情，它们有可能造成集体内部的分崩离析。我们要学会防微杜渐，不要在小事情上出错。

利用从众心理——内森在英国债券上的经典一战

1815年6月18日，所有的人都在焦急地等待着滑铁卢战役的最终结果。如果英国败了，英国公债的价格将跌进深渊；如果英国胜了，英国公债将冲上云霄。

正当两支狭路相逢的大军进行着殊死搏斗时，罗斯柴尔德的间谍们也在紧张地从两军内部收集着尽可能准确的各种战况进展的情报。到傍晚时分，拿破仑的败局已定，一个名叫罗斯伍兹的罗斯柴尔德的快信传递员目睹了战况，他立刻骑快马奔向布鲁塞尔，把战况汇报给内森，内森立即策马直奔伦敦的股票交易所。

当内森快步进入股票交易所时，正在等待战报的焦急而激动的人群立刻安静下来。这时的交易大厅已经完全没有了往日的喧嚣，每一个人都把自己的富贵荣辱寄托在内森的眼神上。稍事片刻，内森冲着交易员们递了一个深邃的眼色，大家立即一声不响地冲向交易台，开始抛售英国公债。大厅里立时一阵骚动，有些人开始交头接耳，更多的人仍然不知所措地站在原地。这时，相当于数十万美元的英国公债被猛然抛向市场，公债价格开始下滑，然后更大的抛单像海潮一般一波比一波猛烈，公债的价格开始崩溃。

这时的内森依然毫无表情地靠在他的宝座上。交易大厅里终于有人发出惊叫："罗斯柴尔德知道了！""罗斯柴尔德知道了！""威灵顿战败了！"所有的人立刻像触电一般回过味来，抛售终于变成了恐慌。人在猛然失去理智的时候，跟随别人的行为便成了一种自我强制性行为。每个人都想立刻抛掉手中已经毫无价值的英国公债，尽可能地留住所剩无几的财富。经过几个小时的狂抛，英国公债已成为一堆垃圾，票面价值仅剩下 5%。

此时的内森像开始一样，仍然是漠然地看着这一切。而他身边的众多交易员立即扑向各自的交易台，开始买进市场上能见到的每一张英国公债。不久，胜利的消息得以传来。

而内森在这一天之内狂赚了 20 倍的金钱，超过拿破仑和威灵顿在几十年战争中所得到的财富总和！

滑铁卢一战使内森一举成为英国政府最大的债权人，从而主导了英国日后的公债发行，英格兰银行被内森所控制。而内森能获得英国公债的胜利，其实他就是利用了人们的从众心理。

从众是指个体在社会群体的无形压力下，不知不觉或不由自主地与多数人保持一致的社会心理现象，通俗地说就是“随大流”。通常情况下，多数人的意见往往是对的。服从多数，一般是不会错的。但缺乏分析、不做独立思考、不顾是非曲直地一味服从多数，随大流，则是不可取的，是一种“盲目从众心理”。

学者阿希曾进行过从众心理实验，结果在测试人群中仅有 1/4~1/3 没有发生过从众行为，保持了独立性。可见它是一种常见的心理现象。从众性是与独立性相对立的一种意志品质，从众性强的人缺乏主见，易受暗示，容易不加分析地接受别人意见并付诸实行。

生活中有不少从众的人，也有一些专门利用人们从众心理来达到某种目的的人。当年的内森就是利用了人们的从众心理，给予人们恰当的暗示，那些人就上钩了。现在某些商业广告就是利用人们的从众心理，把自己的商品炒热，从而达到目的。生活中也确实有些震撼人心的大事会引起轰动效应，大众竞相传播、议论、参与。但也有许多情况是人为的宣传、渲染而引起大众关注的。常常是舆论一“炒”，人们就跟着“热”。广告宣传、新闻媒介报道本属平常之事，但有从众心理的人就常会跟着“凑热闹”。

从众心理对人的影响确实很大。造成人产生从众心理的原因是多方面的。在群体中，由于个体不愿标新立异、与众不同受到孤立，而当他的行为、态度与意见同别人一致时，却会有“没有错”的安全感。从众源于一种群体对个体成员的无形压力，迫使一些成员违心地产生与自己意愿相反的行为。

从众行为表现在方方面面，工作中、生活中、学习中都有所表现。我们了解人的从众心理，并恰当地处理其行为是很有意义的。有的领导意见本是错误的，有些员工由于惧怕反对而对自己今后不利，从而违心地投了赞成票，结果后面的人都跟着投了赞成票。如果这时你能坚持住，是会对单位今后的工作有益的。有的老师的一个解题方法本来不是最佳的，由于很多学生不反对，而导致绝大部分学生效仿老师的那种解题方法。如果你这时能提出比老师更好的解题方法，那不是会使很多学生少走弯路吗？因此，不管是领导还是老师，了解了人的从众心理，对改善和提高自己的工作是很有帮助的。